U0000573

偷師

拷貝、拆解、上色、拼圖，
善用四步驟，去蕪存菁成大神！

Creating by Stealing!

紀坪——著

推薦序

師父領進門，修行在個人

母語——學自媽媽的話語、聲調、內容、……，是我們每個人都曾經歷的過程。在牙牙學語階段，我們不斷重複著媽媽的話，從單字、模糊的音調，而逐漸學到詞語、句型，乃至最終的侃侃而談。可以說，我們的學習都是源自模仿，從外在的形似，到內在的神似，再到最後形成自己的風格。

紀坪，是我在臺灣科大企管系多年前的學生，至今還依稀記得他當年青澀、認真的模樣。他畢業後，我並未和他有特別聯繫。然而，在一次網路搜尋行銷相關資料時，看到一些和我上課教材風格類似的內容，再看一下作者：紀坪。果真是我多年前的學生。

我在臺科大講授行銷管理二十餘年，有不少教材是我參酌學理和國內外案例，再加上個人實務經驗，審慎發展出來的。我一向將教材全數給學生，並勉勵學生能內化，再進一步和公司同仁或周遭朋友分享。希望讓更多人感受到知識的力量，並因此，在生活和工作中受益。

「師父領進門，修行看個人」，身爲老師，我當然希望學生儘可能學到最多。我很高興看到紀坪有濃厚的企圖心，並有卓越的「偷師」能力。我希望他不以此爲滿足，能持續精益求精，進而跳脫框架，走出自己的一片天。我衷心祝福他！

——林孟彥（臺灣科大企管系教授）

專家推薦

看到這書名的第一時間立馬遲疑，光是看到「偷」這個字，就直覺身為任職於全國師資培育最高學府的教授似乎不應該推廣這類的書，但下一秒我馬上想到牛頓的名言**「如果說我看得比別人遠，那是因為我站在巨人的肩上」**，這不也是一種廣義的「偷」的概念嗎？書中作者提到對一個大師最尊敬的方式，就是**「將他踩在腳下」**，正是與牛頓的名言呼應。本書以深入淺出的方式教大家如何好好地站穩在巨人的肩膀上，讓各位看得又遠又好，是本不容錯過的好書，推薦給各位！

——姜義村（國立臺灣師範大學特殊教育學系教授兼系主任）

神偷力是深度學習與融合、運用、並創新的能力。

「神偷」不只是天賦異稟，也要習藝、琢磨，累積豐富的實戰經驗。作者巧妙運用「神偷力」的說法，其實內含五大基本功：神偷力、系統力、思考力、行動力、門派力。與其說是「神偷力」，倒不如說是「深度學習」，「化有形於無形，運無形於有形」。

——郭瑞坤（國立中山大學公共事務管理研究所教授兼管理學院副院長）

文明的開始傳說是從希臘神話裡的普羅米修斯把火偷來給人類開始。人類也就從普羅米修斯那邊學到「偷」這件事。以前的人類只會偷，慢慢地也學習怎麼改進已知的事物。我在大學資訊系教書，深知現在寫程式已經很少從零開始，多半是東抄一點，西偷一段，然後經過修改整合再加上自己的程式碼後變身爲新的應用。盜亦有道是現代人需要學會的，這本書提供了一些準則，不過最重要的還是要你自己動手才行的。

——蘇文鈺（成大資工系教授／Program the World Association

社團法人中華民國愛自造者學習協會創辦人）

自序
感謝大師們爲我們開路

在開始商管寫作時，我並沒辦法從零到有去寫出一些自己的東西，於是我從「拷貝」現有的故事開始，再慢慢的加入自己的觀點。

由於我對於企業的品牌故事相當感興趣，從Apple、Microsoft、Google、Facebook、Amazon、eBay、SONY等公司，到Disney、Louis Vuitton、McDonald's、Starbucks等各行業龍頭，再到股神的控股公司Berkshire Hathaway等。

然而如果只是原封不動將這些故事抄一遍，一來沒有新意，二來也很難內化成自己的東西，於是我用寫一本書的框架思維，試著重新包裝這些故事。當時我從圖書館大量借回來十二個品牌的相關書籍，從中找出自己最有感的部分，再分別結合「管理、行銷、策略」等過去所學到的商管理論，改寫後化爲一篇篇自己的短篇文章。

最後愈寫愈起勁，爲這些品牌加上圖畫，套上十二星座的意象後，成爲：

熱情、探險的牧羊座創造了Google，爲人們探索全世界。

——佩吉（Larry Page）1973.3.26

沉穩、念舊的金牛座創造了Facebook，爲人們聯繫全世界。

——祖克伯（Mark Zuckerberg）1984.5.14

聰明、靈巧的雙子座創造了eBay，爲人們經商全世界。

——歐米迪亞（Pierre Omidyar）1967.6.21

愛家、感性的巨蟹座創造了Starbucks，讓人們懂得品嘗及休憩。

——蕭茲（Howard Schultz）1953.7.19

尊榮、愛現的獅子座創造了Louis Vuitton，讓人們懂得品味及設計。

——路易．威登（Louis Vuitton）1821.8.4

細心、龜毛的處女座創造了Berkshire Hathaway，讓人懂得投資及理財。

和平、協調的天秤座創造了McDonald's，爲人們節省時間又滿足味蕾。

——巴菲特（Warren Buffett）1930.8.30

——克拉克（Ray Kroc）1902.10.5

神祕、革命的天蠍座創造了Microsoft，爲人們便利生活又豐富視野。

——比爾．蓋茲（Bill Gates）1955.10.28

樂觀、自由的射手座創造了Disney，讓純眞童話能夠深入人心。

——迪士尼（Walter Disney）1901.12.5

內斂、耐心的魔羯座創造了Amazon，讓書籍學識能夠薰陶我心。

——貝佐斯（Jeff Bezos）1964.1.12

創新、多變的水瓶座創造了SONY，讓音樂饗宴能夠伴隨左右。

——盛田昭夫 1921.1.26

藝術、情緒的雙魚座創造了Apple，讓智慧生活能夠跟隨你我。

——賈伯斯（Steve Jobs）1955.2.24

一樣的「故事」，透過結合不同的「理論」，再加上輕鬆的「圖畫」及「星座」色彩後，就能有新的味道，也讓自己能更系統化的整理這些故事及理論。

這就是**拷貝**、**拆解**、**上色**、**拼圖的「神偷力」**。最後這數十篇的文章，不但成了我寫部落格一開始的基礎，更幫我的腦袋建立了一套有系統的迴路，新觀念可套用舊故事，新故事可結合舊理論，隨時都能透過**加**、**減**、**乘**、**除發揮「系統力」**。

然而要能成功使用這套思維，首先必須要能跳脫固有的框架，培養打破標準答案的**「思考力」**，接下來還要具有不斷執行並改良的**「行動力」**，以及了解自己的天賦特質，找到適合自己路線的**「門派力」**。

於是透過**神偷力**、**系統力**、**思考力**、**行動力**、**門派力**的琢磨，不知不覺中，我的專欄文章早已破百篇，並準備迎接這第四本書。

僅以此書致敬所有大師先人，爲後人提供了無限的寶貴素材。

PART 1 神偷力

PART 2

系統力

PART 3 思考力

PART 4

行動力

PART 5 門派力

PART 1 神偷力

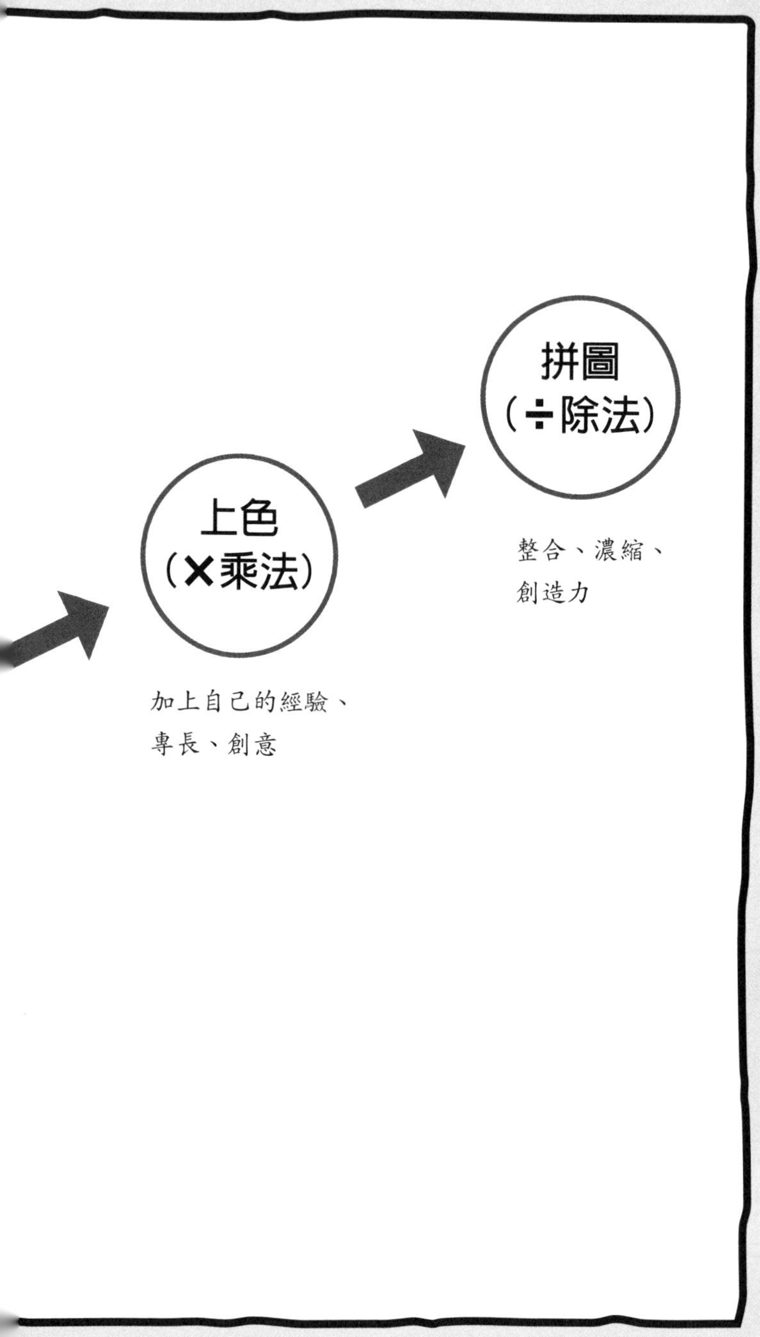

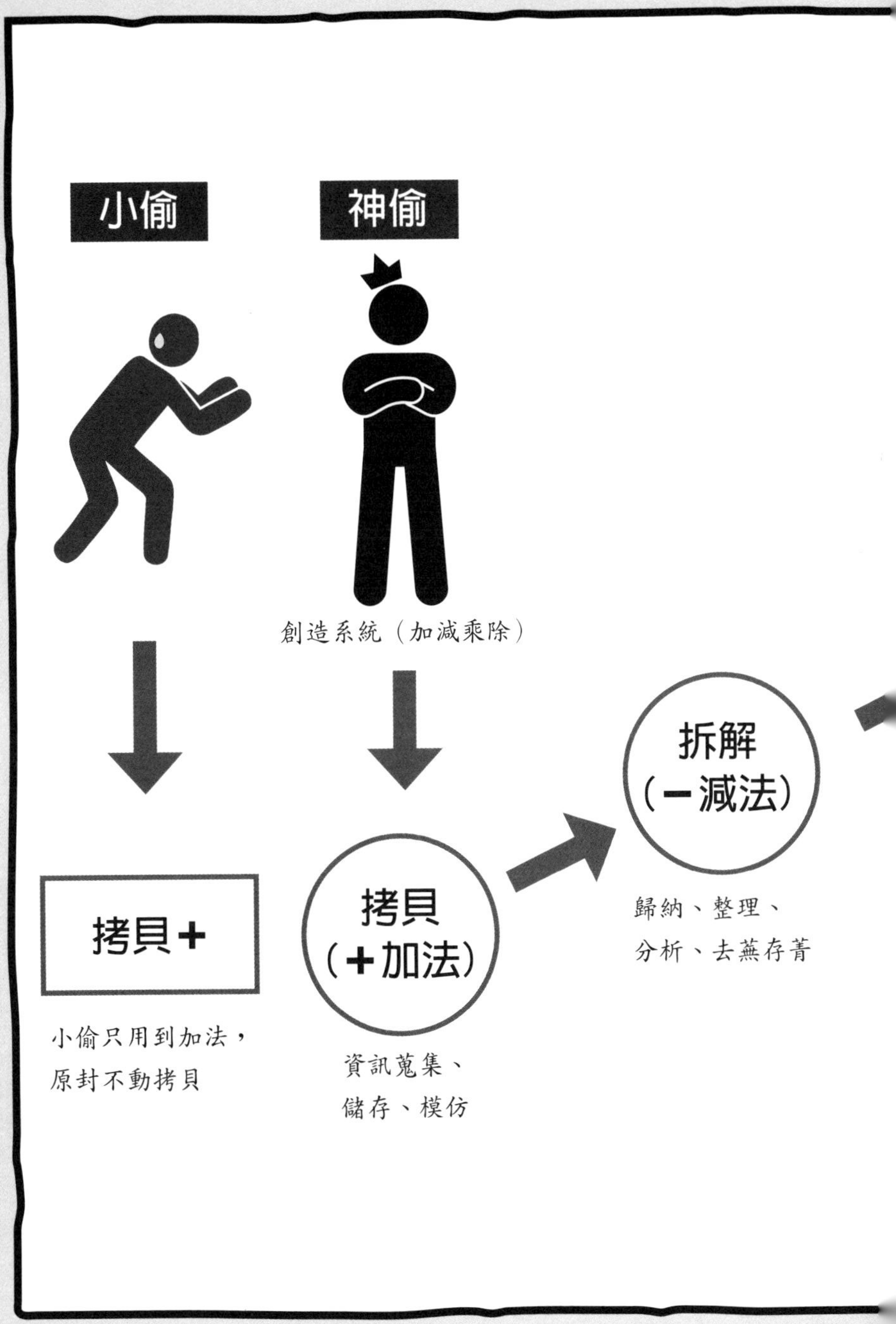
小偷
神偷
創造系統（加減乘除）
拷貝＋
小偷只用到加法，
原封不動拷貝
拷貝
（＋加法）
資訊蒐集、
儲存、模仿
拆解
（－減法）
歸納、整理、
分析、去蕪存菁

I. 神偷
「偷」到出神入化時，草木都可為劍

聰明、積極、冷靜、勇敢、樂觀、自信、自律。

以上這些特質，哪些是有成就者應該具有的共同特質？

這些皆屬於正面特質，也都有可能是成功者的特質之一，但事實上鮮少人能同時擁有以上所有特質。然而有一種特質及能力，看起來似乎不那麼正面，卻幾乎是所有創新者必備的。

那就是——「偷」的能力。

什麼意思？

有人說，這世界上根本沒有什麼是眞正完全「從無到有」的東西，每一個神來一筆的創意，都是源自於其他的人事物所帶來的靈感，所以，愈擅長從天地萬物中「偷」東西的人，就愈有更多的可能與機會，打造屬於自己的成就。

「神偷」如何偷？

迪士尼（Disney）的童話世界，是全世界的孩子們，心中最嚮往的一個夢幻國度，事實上迪士尼許多作品，從白雪公主、睡美人、灰姑娘、長髮公主、愛麗絲夢遊仙境、花木蘭、阿拉丁到冰雪奇緣，這些膾炙人口的創作，其實根本就不是迪士尼所原創，而是迪士尼「偷」了別人的故事後，再加以「改編」後呈現出來。即使如此，大家談到這些作品時，都像是迪士尼原創一樣，同時創造可觀的商業利益。

蘋果電腦創辦人賈伯斯（Steve Jobs）與微軟電腦創辦人比爾·蓋茲（Bill Gates），被認爲是電腦科技時代最偉大的兩位創新者，有趣的是，他們都曾經承認過，奠定他們Mac及Windows事業基礎的電腦圖形介面，一樣都是借鏡他人，整個設計的靈感，都是從別人手上「偷」來的。賈伯斯還曾說：「**當海盜比加入海軍更加有趣**。」

過去汽車製造業效率不彰，於是福特汽車（FORD）從豬肉屠宰場中獲得了靈感，開始採用流水線生產模式，將生產線拆分成幾個工序，成功的提升生產效率。過去快遞業的效率不彰，於是聯邦快遞（FedEx）從腳踏車輪獲得了靈感，開始採用像車輪中央軸的概念，先集貨再轉送到各據點的方式，成功提升配送效率。偷東西不一定是直接偷，有時候只是偷到了一點靈感，就足以大放異彩。

麥當勞、星巴克及可口可樂，是全世界最具價值的三個餐飲品牌，而他們的一個共同點，就是品牌的奠基者，都不是最早的「原創人」。他們都是從別人手上「偷來的」，再加以發揚光大成就偉大的商業帝國。

麥當勞的創辦人克拉克（Ray Korc）原本只是麥當勞餐廳的一位加盟主，透過不斷的擴張及創新的商業模式，成功的以二百七十萬美元的代價，將整個麥當勞的經營權取過來，最終成爲全世界最具價值的餐廳品牌。

星巴克的創辦人舒茲（Howard Schultz）原先只是星巴克咖啡廳的一位員工，也透過不斷精進咖啡廳的經營模式後，成功的以四百萬美元的代價，將星巴克的經營權拿過來，最終成爲全世界最具價值的咖啡品牌。

可口可樂的創辦人坎德勒（Asa Candler）更是慧眼獨具，將一個原先他人用來治頭痛的糖漿藥水，拿來變成可口的碳酸飲料，最後僅僅只用了二千三百美元的代價，就拿到可口可樂的經營權，最終成爲全世界最具價值的飲料品牌。

「神偷力」決定影響力

發現了嗎？歷史上所有成功的創業者及創新者，無一不是借鏡他人的靈感，甚或是直接從他人手上或偷或搶而來，再不斷的改良與精進，成就更偉大的作品。這最早的基礎，往往是出自他人之手。

這些懂得發揮「神偷力」的創新者們，僅用了少少的代價，就從他人手中得到珍貴的寶物，再拿到自己的王國加以加工，最後成爲傳世之寶。

無論是企業家、發明家、還是藝術家，所有有成就者，或多或少都發揮了「偷」的才華，他們早期的作品可能可看出有某些他人的影子；某些具有創造力的人，最初一開始都是先模仿他人，從他人身上偷東西，建立在前人現有的基礎上，踩著前人的貢獻往上爬。而當「偷」到出神入化之時，草木都可爲劍。

畢卡索Pablo Picasso曾說：「**優秀的藝術家抄襲，偉大的藝術家剽竊。**」想有所成就走出自己的路，與其循規蹈矩、墨守成規，不如偷天換日、偷梁換柱，打造專屬自己的「神偷力」。

II. 小偷
不成熟的詩人依樣畫葫蘆，成熟的詩人偷天換日

在一個機會下受邀至某大學擔任大四學生畢業專題的評委。這個畢業專題的研究方法是採用質化的「訪談」，同學分組後與指導老師討論決定主題，讓同學依據不同的主題找到訪談者蒐集資料後，再進行整理歸納，作為一個畢業專題的呈現，並於期末上臺報告。

畢竟是大學階段的專題，因此在嚴謹度的要求上，自然不用像碩博士的學術論文一樣講究，更重視的是學生的實作、投入及學習的機會。

因此題目五花八門，從咖啡廳的行銷策略、誠品書局的讀者研究、政府的經濟政策、網路使用者習慣、服飾店的動線設計，到運動行銷都可以是專題的題目。

當中有不少讓人驚豔的作品，從報告資料的蒐集、呈現，到同學臺上的口條

都表現得相當出色，可看出他們對專題的投入及未來的潛力無窮，如果我是個想徵才的企業老闆，整場專題報告中或許能選出理想人選。

當然，也有不少同學在混，訪談資料很隨便，也用了大量的網路資料來塘塞篇幅，只是希望能交差了事拿到學分就好。

其實這種報告通常不太困難，老師也不必太機車，只要報告有寫出來，同學有分組上臺報告，幾乎都能PASS。

複製、貼上？

不過即使已經睜一隻眼，閉一隻眼了，還是有一組同學的報告，讓評委老師們實在不知道怎麼評，爲什麼？

這組報告的主題是「對於臺灣房市的看法」，訪談資料非常多又豐富，都至少是上百字的論述，交出來的頁數還遠遠超過其他組同學，很用功不是嗎？

詭異的是，整篇訪談稿的內容中，完全看不出同學與受訪者的互動過程，反而像是受訪者自言自語，或者說，更像是受訪者自己交了一份發表對未來房市看法的報告給同學。

如果單一受訪者有這種情況還有可能，偏偏這組同學找的五位受訪者都是如出一轍，有些字型及大小還不太一樣，很明顯這些訪談稿，是同學們不知道從哪抄來的資料，也沒有好好消化整理過就直接複製、貼上，成了這些厚厚的報告，每一位評委老師，也都一眼就看了出來。

接著我隨機抓下訪談稿中幾行字Google了一下，果然馬上找到了這些訪談資料的來源——原來是網路上網友的內容，同學一字不漏地複製貼到專題報告中，當成他們自己的訪談稿。

改都沒改，也沒交代來源，這完全就是「小偷」的行爲，這樣的報告，已經不是睜一隻眼，閉一隻眼的問題，而是必須完全閉上雙眼才能讓他們PASS了。

神偷與小偷

我自己在學生時代也不是什麼太用功的學生，也不覺得報告一定要很嚴苛，重點是過程有所收穫及啓發，每位學生能對所學及作品負責就好。況且學校拿到的分數高，並不代表未來在職場上就會有好成績。

即使如此，如果連表面工夫都作不好，無論到哪個位置都不可能有好成績，而這種輕易被發現根本是抄襲的報告，未來在職場上更是一種大忌。「混」沒關係，但一定要混得漂亮；「抄」沒關係，但一定要抄的有技巧，最好是讓人抓不到，還要抄出專屬於自己的風格。

詩人艾略特（Thomas Stearns Eliot）曾說：「**不成熟的詩人只會依樣畫葫蘆，成熟的詩人懂得偷天換日。拙劣的詩人會弄巧成拙，優秀的詩人則會轉化提昇，創造出獨一無二的作品。**」

神偷與小偷最大的差別，就是小偷被抓到了，所以成了小偷，神偷抓不到，所以他是神偷。

如果你想開一家漢堡店，漢堡完全模仿麥當勞中麥香堡的作法，還取名叫麥麥堡，那這就是抄襲，就是一個「小偷」。

但如果你能同時把麥當勞、肯德基、摩斯、漢堡王、丹丹漢堡、拉亞漢堡都抄一遍，再跑到國外去取經，學會衆家的優勢，創造一個有自己風格的新漢堡，那這就是創新，不但是「神偷」，還是個「漢堡神偷」。

要努力當個「神偷」，別像個「小偷」。

所以，再複習一下，如果我想打造一家內衣品牌，卻完全抄襲了華歌爾的設計，那我是神偷還是小偷？

沒錯，是「內衣小偷」！

III. 館藏

專注能創造價值的東西，讓收藏館只放寶物，不放雜物

大部分有價值的知識及資訊，都不可能只靠自己無中生有，必須從外界想辦法偷回來，於是最重要的兩個課題，就是哪些東西值得偷？偷回來後如何保存？這決定了一個人的**資訊蒐集力**及**運用力**。

在學生時代，沒有辦法清楚知道自己想要什麼樣的知識，學生獲取知識的主要途徑，就是從學校所提供的「課本」著手，想辦法多背一些，考試分數可以多得幾分。

從小學到高中整整十二年的時間，我們讀了多少本課本？回過頭來想，現在還記得的，剩下多少？離開學校後眞正能派上用場的，又有多少？其實不難發現，眞正能內化進入到心坎裡的，根本少之又少。

反而，拋下這十二年累積的課本之外，無論是小說、漫畫、電影或是其他讀

物，能眞正留在我們記憶中的顯然更多，因爲這些內容是自發性的去選擇，並能從中得到樂趣及收穫。

值得偷的東西分兩種，第一種「有用的」，諸如能用於職場及生活上的專業知識及技能，第二種「有趣的」，因爲我們能從中得到最多的啓發及觸動。知名導演賈木許（Jim Jarmusch）曾說：**「只選那些會觸動你靈感的來偷學，這麼一來，你偷學來的作品就是你的。」**不要人云亦云，只偷適合的東西，再將這些原屬於別人的想法，想辦法儲存下來，搬回屬於自己的寶庫。

收藏館

我開始寫作時，培養了一個最重要的習慣，就是當腦海中出現好點子，或是看到聽到任何值得取用的東西，一定要先想辦法把重點記錄下來。儲存的方法有很多種，有人習慣使用筆記，有人喜歡使用拍照錄影，有人會活用手機中的數位功能。

三星的創辦人李秉喆，則是熱愛使用便條紙將所有想到的東西記錄下來，有時候一天甚至可以用掉上百張，許多公司的重大決策都是在這些便條紙中誕生的。

如今手機及網路愈來愈方便，無論是財經新聞還是管理評論，只要有訂閱或追蹤相關粉專，要獲取這些資訊是很容易的。通常我只看我認爲有感的文章，且只抓重點而非一定要全文讀完。然而看還不夠，最重要的是收回自己的「收藏館」。

我會在臉書開好幾個僅有我自己的「一人社團」，並爲每一個社團打上主題如Business、House、Bank、Think、Education等，當看到覺得值得參考的文章時，就會將之歸檔貼到相對應的不公開社團中，並節錄文章中自己認爲有感的部分，當未來我需要相關議題的靈感時，就能很輕鬆的回顧這些資料。

有時候靈感來源可能不是網路資訊，而是來自於報章雜誌或是路邊的街頭故事，該怎麼辦呢？

我會在LINE開一個僅有我自己的「一人群組」，當有任何的靈感或素材時，用拍照或是打字的方式，將這個素材傳進這個一人群組中，當有時間回到電腦前，再將這些素材整理歸檔，作爲未來之用。

暢銷書《異數》作者麥爾坎．葛拉威爾（Malcolm Gladwell）曾說：「**直覺並不是我們腦中那個突然點亮的燈泡，而是忽明忽暗、會輕易熄滅的燭光。**」那一刻的靈感得來不易且稍縱即逝，如果沒有儲存下來實屬可惜。

而能不能有所發揮，往往就取決於看待這些靈感的態度。

只放寶物，不放雜物

每個人都要有一間屬於自己的收藏館，當然，適合的方式不同，只要是便於自己蒐集、儲存並提取的方法，都是好方法。

但記得，千萬不要什麼東西都搬進去，只搬**有用的**，或**有趣的**。如果我們不能分辨是寶物還是雜物，就一股腦兒的搬回來，那麼這個收藏館最終只會變成廢棄的倉庫，堆滿沒有用又捨不得丟的東西。如果我們一開始就懂得取捨，只放寶物進去，那麼這個收藏館最後會變成一個博物館，而我們將成爲策展人，讓每一樣東西都派得上用場。

很多時候，天才與庸才的差別，就在於取捨的不同。人的時間及精神有限，如果倉庫中堆滿我們無法學習的東西，那只會消磨掉一個人的進步動力。專注在少數能創造價值的東西，讓自己的收藏館只放寶物，不放雜物。

IV. 創造

偷完記得一定要打破前人的習慣，最後才能自成一格

神偷與其他人最大的差別，就是偷來的東西，有沒有經過聰明的「創造」系統，讓這件被偷來的「贓物」煥然一新，成爲一個截然不同的新作品，從此跳脫小偷的格局，成爲一個神偷。

從古至今，被人認爲是天才的人物，沒有一個不去借用他人的創意，幾乎所有各領域的大師級人物，都曾被指控過他們「偷」了他人的創意，有趣的是，其實他們自己也從來不諱言，他們的成功，確實或多或少都偷了天地萬物的某些東西。

賈伯斯曾說：「**我們從來不覺得偷別人的點子有什麼好可恥的。**」偷不是照本宣科，而是建立在前人的基礎上發揮創意，繼續往上爬。

偷完記得一定要打破前人原本的習慣，最後才能自成一格。就像日本禪裡的

「守破離」之道，師父領進門先教「守」，模仿既有的東西，弟子有了一定的火候後就得學會「破」，打破既有的框架，最後學會「離」，重新組合起來化他人的心血成爲自己的骨肉。

神偷的創造系統

英國哲學家培根曾將人們分成三種人，就頗能道出這門學問。

第一種人像「**蜘蛛結網**」，這種人所有的作品，都是從自己的肚子裡吐出來的，不擅長從外界取得更多的元素，較像是一個閉門造車的工匠。這種人連「偷」字都扯不上邊。

第二種人像「**螞蟻囤糧**」，這種人只懂得原封不動的將外面取得的東西，搬回到自己的窩裡儲藏，然而並不懂得如何去加工改造，將這些東西變成更加有用的資產，這種人只能算是個「小偷」。

第三種人像「**蜜蜂釀蜜**」，這種人懂得廣採百花精華後，再加上一番釀造技術，將花蜜轉化成精粹的蜂蜜，這種人懂得將從外界蒐集來的素材，加上自己的消化及轉化後，成爲更有用的資產，這種人才更像個「神偷」。

換句話說，神偷與其他人的差別，就在於這個「加工」的過程。「小偷」只會複製貼上，原封不動的將東西搬回來；聰明的「神偷」，則懂得將搬回來的東西，透過「拷貝、拆解、上色、拼圖」四大創造步驟，徹底變成自己的東西。所有具創造力的人才，都一定像個神偷，而不是像一個小偷。

拷貝、拆解、上色、拼圖

神偷如何把偷來的東西，透過「創造系統」，變成自己的東西？

首先把東西「拷貝」回來。接下來將東西「拆解」，把沒用的丟掉後留下有用的。之後用自己的想法將東西「上色」，加入自己的色彩。最後將所學所知淬鍊後，「拼圖」出一個獨一無二的全新作品。

我們亦可以用我們所熟知的數學四則運算「加減乘除」，來解釋四者的差異。

一、「拷貝」的能力是一種「加法」。是一種資訊蒐集、儲存及模仿的能力，也是一種將外界資源偷回來的能力，要能採用百家之言，如此才有足夠的參考資料，而這也是獲取靈感最基本的一項功夫。

畫家達利說：**「沒想過要模仿什麼東西的人，也做不出什麼東西。」**

二、「拆解」的能力是一種「減法」。是一種歸納、整理、分析、去蕪存菁的過程，留下有用的東西並將沒用的東西丟掉，一來避免被過多無用的雜訊所干擾，二來也更有精神專注在少數關鍵的資源中，擇善後從中取一瓢飲即可，只抓住自己有用的東西。

雕塑家羅丹（Auguste Rodin）說：**「我選一塊大理石，然後切掉我不要的部分。」**

三、「上色」的能力是一種「乘法」。是一種資訊轉換的能力，將偷回來的東西消化吸收後爲自己所用，再將自己的經驗、專長、創意、天賦融入在其中相乘上去，改造成完全不一樣的東西。

作家莫泊桑（Maupassant）說：「**大藝術家就是那些將個人的想像力強加給全人類的人們**。」

四、「拼圖」的能力是一種「除法」。是一種創造的能力，透過整合、濃縮自己的所知所學，結合出一個獨一無二，專屬於自己的作品，諸如商業模型、藝術作品、論文著作，都是這項能力的產物。

詩人艾略特說：「**優秀的詩人會把偷來的東西融入整體情境，創造出獨一無二的作品，與原作截然不同**。」

拷貝、拆解、上色、拼圖，四大改造系統缺一不可，也唯有如此，才能跳脫前人的框架，成為無雙的神偷。

V. 拷貝
先學會規則，然後再打破它們

論文是碩士班畢業的門檻之一，也很可能是不少人在學生生涯中，第一次能從頭到尾，完成屬於自己第一本正式著作的機會。

可怕的是，不論這本著作寫的是好是壞，原則上都要被放到國家圖書館的館藏以及碩博士論文網中，只要有人有興趣，就能看見你的名字及著作。如果寫的不好，不就成了一輩子的污點了嗎？

記得曾經有一些碩士班的同學，在一開始要投入論文時充滿了理想，認爲既然這可能是代表自己的一本著作，一定要將之寫的盡善盡美，研究的主題要夠崇高，研究的方法要夠嚴謹，研究的結論要夠有貢獻，最好能改變世界。

還有些人則在論文八字還沒一撇時，就開始小心翼翼的保護，深怕被別人偷走了創意及智慧財產。

回過頭來想，你認爲他們的智慧結晶，眞的那麼有價值，讓人渴望偷取嗎？

一位我很尊敬的指導老師，曾告訴我一個全然不同的觀點：「碩士班不要想寫出什麼博大精深的論文，眞想好好作研究留到博士班。」什麼意思？

碩論不是用來改變世界的

碩士班階段的論文訓練，可說是學生「第一次」正式的學術論文訓練，重點在於讓我們能了解前人如何作研究，讓我們能依循著前人的思考軌跡，只要能夠將前人的思路好好的走過一遍，其實就是大豐收了。

透過學術架構，從研究背景及動機的擬定，過去文獻的整理，研究方法的設計，到最後收斂研究結果，寫出屬於自己的發現及結論，就是一個相當優秀的論文學習過程了，至於論文對於這世界有沒有貢獻，不一定那麼重要。

一個好的論文訓練過程，不是要讓學生拿來改變世界的，而是改變學生看世界的方式。

基本的論文架構，大致分成了五大章節。

一、研究背景與動機

二、文獻回顧

三、研究方法

四、研究結果

五、結論與建議

你認爲哪一個最重要？

有人說第一章研究背景及動機最重要，因爲方向對了後面才不會白走。

有人說第三章研究方法最重要，因爲寫論文就是要學習如何使用統計工具。

有人說第四章研究結果最重要，因爲寫論文的目的就是要得到這些結果。

有人說第五章結論建議最重要，因爲寫論文就是要作出最後的成果闡述。

通常最多第一次寫論文的學生認爲，第二章的文獻回顧最不重要，因爲所謂的文獻回顧，不就只是去蒐集及整理他人的研究結果，又不是自己所創，有什麼重要？我當初也這麼認爲，然而在我完成碩士論文十年後，對我最有用的能力，恰恰正是當初好好作過的文獻回顧能力。爲什麼？

因爲在這一章節中，正確的文獻回顧訓練，教會了我如何去「偷取」他人的智慧，並透過「改寫」的方式，變成自己的東西。

這項能力，無論是商業模式的建立，還是寫作靈感的獲取，都是最重要的一項能力。當你懂得去尋找需要的資料，就能到處「偷」靈感、「偷」思維，就能更快速的拷貝他人的成功，再想辦法加以改造，化成自己的血肉。

先像專家一樣學會規則，然後才能像藝術家一樣打破它們

記得學生時代，不少的同學都熱愛打籃球及看NBA，而每一個人或多或少都喜歡去模仿自己喜歡的球星，有人喜歡模仿麥克．喬丹（Michael Jordan）的打球動作，有人喜歡去模仿科比．布萊恩（Kobe Bryant）的打球態度。

那麼像麥克·喬丹及科比·布萊恩這些最具創造力的籃球巨星，總應該是最獨樹一格，渾然天成不走前人路的吧？其實不然，他們也不斷的在拷貝前人有用的特質。

喬丹曾說：**「如果我沒有看到J博士[1]在全盛時期的驚人演出，我就不可能擁有像現在一樣的視野。」**

科比更直接的說：**「我場上所有的動作，都是從觀看偶像球星的錄影帶學來的。」**

無論是在哪一個領域，技能、風格、特質通常都不是一生下來就決定的，而是透過不斷去拷貝自己所喜歡的人事物來習得。學音樂，得先學著彈彈那些偉大前人的樂譜；學作畫，得先學著臨摹那些偉大前人的畫作；學寫作，得先學著讀讀那些偉大前人的著作。

而所有最後能自成一格的人都很清楚，他們不可能百分之百去拷貝任何人，因爲每個人的天賦、天性、資源都不一樣，然後就算只有拷貝個百分之五，畫虎不成反類犬也沒關係，因為接下來該作的事，不是努力把這隻犬畫的像虎，而是最好把這隻犬畫成完全不一樣的東西，可以是條魚，也可以是條龍，就是別像虎。

畢卡索說：「**先像專家一樣學會規則，然後才能像藝術家一樣打破它們**」，拷貝，是神偷的基本力。

1 Julius Erving，綽號J博士（Dr. J），美國前職業籃球運動員，擔任小前鋒。

VI. 拆解

丟掉沒用的東西，留下有用的東西，去蕪存菁

一位活潑好動的小男孩，在一次的親友聚會中看到人多熱鬧，開始吵著要去夜市逛街買零食。大夥想想，豈能讓這小子那麼容易得逞呢，恰巧找到一個已經轉亂的魔術方塊，不如就來讓小男孩挑戰一下好了。

「嘿！如果你能變出六面完整顏色的魔術方塊，今天讓你夜市吃到飽。」

一個已經被轉亂的魔術方塊，如果平常沒有在玩，掌握不到眉角，眞要轉到好沒那麼容易，小男孩在接過方塊，認眞的研究了一番後，卻露出了個神祕的賊笑說：「我去變一下，等我一下喔。」就拿著魔術方塊到角落去變了。

大夥不以爲意的繼續閒聊，沒想到過不了多久，小男孩就拿著魔術方塊回來。把已經變好的魔術方塊擺到了大夥眼前。

「看！變好了，快！去夜市。」

怎麼可能？被掉包了？還是他根本是天才？

原來，小男孩研究了魔術方塊後，發現要解開實在太麻煩了，但他卻發現，方塊上的所有色塊，都是一張張貼紙黏上去的，這小子很快放棄老老實實的轉方塊，而是將貼紙一張張撕下，再照色塊逐步黏回去，很快就完成他的「勞作」。

「這孩子這麼小，就懂得投機取巧怎麼行，眞該好好教導他！」一位較老古板的朋友，忍不住擔憂的說教起來。但想想，這小子其實並沒有違反一開始的約定，只是用他的方法完成了任務，難道懂得跳脫規矩眞的不好嗎？

把複雜的大事拆解成能處理的小事

其實這個小男孩在作的事情，看起來像在偷雞，其實這正是成爲一個「神偷」的重要技能之一——拆解！

把看似麻煩複雜的大東西，先想辦法拆解成一塊塊的小東西，讓原本沒辦法解決的事情變成能夠逐一解決完成的。

如果我想要寫好一本書，絕對不是書名想好後，就從第一頁開始劈哩啪啦的寫下去，如果用這樣的作法來寫書，寫到天荒地老可能都還沒完成。

那麼，該怎麼作？

首先，先將這本書拆成五個章節，想好每一個章節的主題後，再將每個章節拆成八篇文章，每篇文章再大概拆成三個區塊，藉由逐步的去完成這些區塊，最後再重組起來，就是一本完整的作品。

拆解的技巧用得好，對於集中力及聚焦力有很大幫助，當我們思考有所條理及脈絡時，就更能聚焦在關鍵的問題，找出好的點子及解決辦法。我們沒有時間，去處理所有的資訊及事情，很幸運的是，其實絕大部分的事情，都不值得我們費心去處理。

馬克．吐溫（Mark Twain）曾說：「**取得領先的祕訣是先開始。而開始的祕訣，就是把複雜的事分割成一件件做得到的小事，然後從第一件開始。**」

拆解的能力，是一種減法藝術

拆解能力的另外一種運用，是對於新蒐集資訊的運用能力，舉凡歸納、整理、分析，將沒用的東西丟掉，留下有用的東西，透過去蕪存菁的過程，讓自己的精神只集中在少數有用的關鍵資源中，是一種「減法」的運用力。

達爾文（Charles Robert Darwin）：「**科學就是整理事實，以便從中得出普遍的規律和結論。**」

資訊的蒐集絕非愈多愈好，而是懂得去蒐集到關鍵資訊，並懂得去拆解資訊爲自己所用。

曾有相關研究指出，不少在課業或事業表現優秀的人，他們不一定是記憶力比他人好，他們只是更擅於去拆解知識，並透過整理及歸納，來理出自己的知識系統脈絡，於是需要用到時，他們懂得到哪裡去提取出自己有用的資訊。相反的，在課業或事業上表現較差的人，不一定比較不勤勞，他們可能只是沒有習得拆解的能力。在一個舒適有序的環境，往往更有助於建設性及創意性的思考，不只是實體的空間需要整理，腦袋中的東西一樣要整理。

有一次我與幾位朋友在討論，看一本書究竟要花多少時間，他們認爲看書很重要，但眞的太費時了，而且整本書看完都還不一定抓得到重點。

我曾接過一本商管新書的推薦序邀約，出版社於當天中午寄出E-mail，並提供了一個月的時間來讓我完稿，我需要多少時間？我在當天下班前就完成了一千字的推薦序寄回給出版社，而這篇推薦序也成功被該書作爲主要的序文。

怎麼作到的？我根本不需要把整本書看完，我只要好好的看完摘要，這是整本書的核心觀念，再好好的找出自己眞正有興趣及有感想的章節瀏覽，結合了自己的故事及觀點後，就是一篇有個人特色的推薦序了。

搖滾音樂家大衛．鮑伊（David owie）曾說：「**我唯一會研究的藝術，是我可以偷學起來的那種。**」不管是看書還是寫書，不要貪多，只須把有用的部分拆解出來就好。

VII. 上色

照著別人的公式走，最好的結果也不過是和別人一樣

有一位女性朋友，平常相當重視自己的外貌狀態，固定都會去醫美作些保養及微調，來讓自己看起來更年輕些，但也因此曾經鬧過一些笑話。

有一天她在客廳看電視時，她老公忽然冷不防的看著她的臉問了一句話，讓她尷尬的不知如何回答。

「妳作了什麼？爲什麼妳臉上的表情，看起來跟電視上的某些女明星一模一樣？」

原來，她去醫美診所打肉毒桿菌，臉上的某些肌肉線條會顯得比較「繃」，而大部分的診所採用的技術及施打位置大同小異，顧客臉部自然會有些肌肉線條「繃」的方式是相似的。

她老公並不懂這些，只覺得怎麼最近老婆的臉變得有些說不上來的不自然，

卻又有種熟悉感，有點類似他平常在電視上看到的某些女明星。

雖然整個故事聽起來像個笑話，卻也點出了一個有趣的道理：如果你作的事情跟其他人差不多，或是你總在模仿其他人作的事情，你最終所能呈現出來的樣子，其實也就跟你模仿的人差不多，不太容易玩出什麼新意，或走出自己的路線。

塗上自己的色彩

神偷力中所謂的「上色」，就是在拷貝完他人的範本後，無論作什麼事情，都一定要試著去跳脫他人範本，塗上一些自己的色彩。蘋果公司的執行長庫克（Tim Cook）曾說：**「你應該去寫自己的規則。如果你照著別人的公式走，最好的結果也不過是和別人一樣。」**

在孩子成長的過程中，「塗鴉」往往被視爲相當重要的一個技能，塗鴉不但能培養孩子的想像力，讓孩子腦袋中的創意得以呈現、情緒得以抒發，更能提高認知及美學概念。

當孩子很小時，我們拿一張白紙讓他們隨意「上色」，他們可能會隨意塗鴉、畫不出什麼像樣的東西，最多畫出幾個不規則的圈圈，但即使只是這樣，孩子一樣可以畫得不亦樂乎，沉浸在當中好一段時間。

而大人為了讓孩子的「作品」更完整，就開始提供已經先用黑白線條畫上的卡通圖案，讓孩子只要照著那些格子，將顏色塗上去即可。

有趣的是，通常孩子在第一次看見這些著色本時，可能會有一些新鮮感，但很快就嫌膩，下一次也很少有拿這些著色本出來畫的動力了。

我們明明就提供了一個更接近完成品的範本給孩子，為什麼他們願意投入在畫畫的意願及時間反而下降了？

很簡單，對於擁有無限想像力的孩子而言，比起有所「限制」的照別人的範本塗，還不如從無到有，隨意塗鴉出自己的作品。因為當有了範本後，孩子唯一的任務，就只剩下將框框中的顏色補滿，而且最好還不能「超線」，如此就限制了更多的可能。

作家亨利．詹姆斯（Henry James）說：「**藝術家會出現在他創作的每一本書的每一頁中，儘管他極力想從書中消除自己的影子。**」孩子被認爲是最富有想像力的人類，正因爲他們了解及接受到的規矩最少，一個好的「上色」過程，其實就是能夠將腦海中的想像世界，想辦法表現出來。

追求流行，還是定義流行？

當我們將他人的東西偷過來後，如果想變成自己的東西，有一個很重要的步驟——加上自己的顏色。法國導演尚盧．高達（Jean-Luc Godard）說：「**重點不是你從哪裡取得點子，重點是要用在什麼地方。**」將自己過往的經驗、故事、技術加到原有的素材中，成爲擁有個人色彩的新作品。「上色」就是不要完全依循前人的作法，你必須有自己的想法及特色。

類似於乘法的概念，將他人的構想與自己的構想相乘後，創造出一個全然不同的東西。

《教父》導演科波拉（Francis Ford Coppola）曾說：「**我們想讓你來偷學。希望你一開始先來偷，因爲你還偷不走精髓，你只能拿走我們給你的，用你自己的方式呈現，那也就是你找到自己聲音的方法，也就開始成爲藝術家。然後有一天，別人就會來偷學你的東西。**」

與其追求別人定義的流行，不如打造自己定義的流行。所謂定義流行，絕對不是亂搞一通特立獨行，而是了解現有的範本之後，再找到一個自己的路線，將現有的範本，加上自己的色彩，創造自己獨樹一格的流行。

VIII. 拼圖

用多元領域交叉運用的人，創造更多可能

我有一位朋友，從十多歲的青春期開始，就對於寫小說很有熱忱，只要一有點子及想法，就會立刻振筆寫入隨身攜帶的筆記本中，隨著時間積累，他的創意筆記本已經可以疊得老高，當中有不少有趣的「梗」。

過了三十歲後，他仍然懷抱著出版小說的夢想，也很喜歡去參加大大小小的寫作課程及聯誼社團，認識不少志同道合的朋友。

然而，即使他一直有在投入寫作，也一直有這個想法，卻似乎離完成一部屬於自己的作品有著不小的距離，爲什麼？

很簡單，因爲他的目標永遠都差了臨門一腳。雖然累積了不少文字，卻從未好好的整理及編輯，只像是一堆堆零散的手稿；雖然有不少的好點子，卻從未能好好串成完整故事，只像是一塊塊零散的區塊。

這就是他缺少了「拼圖」的能力。

就算「拷貝」了再多的資料，「拆解」了再多的資訊，甚至也能「上色」加上自己的色彩，如果我們最後沒有辦法將之完成，其實一樣無法產生太多的價值，這最後的臨門一腳，就是「拼圖」力。

就像《哈利波特》是最全世界最賣座的小說。

如果該書作者羅琳（J. K. Rowling），當初未將她腦海中充滿創意的奇幻故事撰寫成文字，編輯成冊，再將這些文字投稿到出版社，那麼就不會有這部全世界最賣座的小說問世。

所以，作者投稿完就沒事了嗎？不，接下來還有得忙呢！

一本書需要歷經責編的收稿潤飾、與作者的意見溝通、校對，美編的設計、排版，印刷廠的打樣、印務作業，才能完成一本書。但你以爲這樣就結束了嗎？不，接下來還有企劃與業務的行銷、通路的曝光、書店的推廣、倉庫的管理等。

換言之，所有的好作品，都需要「拼圖」的功力，將原先萌芽的概念，透過個人或眾人之力，將之轉化成有具體價値的能力。

拼圖力的培育

這個「拼圖力」，跟我們孩提時代玩的拼圖所需能力，頗有異曲同工之妙。

拼圖遊戲被視爲孩子相當重要且具有啓蒙性的遊戲之一，在拼圖的過程中，需要專注力、耐心、思考力、邏輯力、空間力及創造力，缺一不可。

一開始想從一堆零散的拼圖中找到正確的圖塊並不容易，但過程中卻能培養出相當重要的專注力及耐心，並隨著技巧的提升，打造更有效率的腦袋。此外，拼圖有它的系統邏輯存在，在一個專注的拼圖過程中，必須不斷的思考、判斷及選擇，將有效率的培養獨立思考及邏輯力，也能藉此去感受自己的喜好及擅長哪些領域。

再者，拼圖是藉由一小塊一小塊的「部分」，藉由拼圖的過程，打造出最後的「全部」，這正是世上所有作品的組成基礎。

跟拼圖有點相似的另一個遊戲是積木，這同樣是培養孩子能力不可或缺的遊戲之一，差別在於，拼圖的目標，是完成一個有標準答案的作品；積木的目標，則是打造一個沒有標準答案的作品，而兩者同等重要。

透過不停的嘗試、重建，讓孩子的想像力及創造力隨意發揮，這就是一種解決問題的能力。在未來最具有競爭力的人，都一定是擁有較佳解決問題能力的人。拼圖力，就是解決問題的能力，更是完成一個作品的能力。

當一個擁有多塊拼圖的人

雖然過去普遍認爲，能夠有所貢獻者，都應該是單一領域的「專家」，有趣的是，不少的好點子，通常是出自於能夠結合多重領域交叉運用的「拼圖者」。

人們在面對問題時，總是會習慣用自己最擅長的方法來處理，所以單一專業人才，就像是只擁有一塊「大拼圖」的人，變不出什麼新把戲，只有單一解。

心理學家馬斯洛（Maslow）曾說：**「對於只有一把錘子的人來說，他遇見的**

每樣東西看起來都像一根釘子。」

反之，如果我們是能多元領域交叉運用的人，就像是擁有許多塊不同的「小拼圖」，雖然看似每塊都不同，但只要藉著重新組合及連結，就有機會洞悉出更多系統性的問題，創造更多的可能。

愛因斯坦小時候就喜歡用積木去拼出鐘樓、教堂等各式各樣的作品，可見想像力比起僵化的知識更重要。知識是相對有限的，想像力才能構成更有效率的「拼圖力」，創造更多可能。

愛因斯坦曾說：**「邏輯能讓你從**A**到**B**，想像力卻能帶你到任何地方。」**

PART 2
系統力

乘法：將兩項相異元素相結合

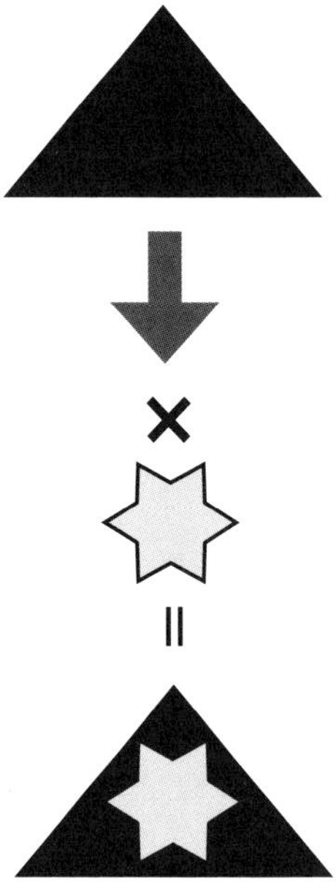

除法：濃縮萃取最精華的部分

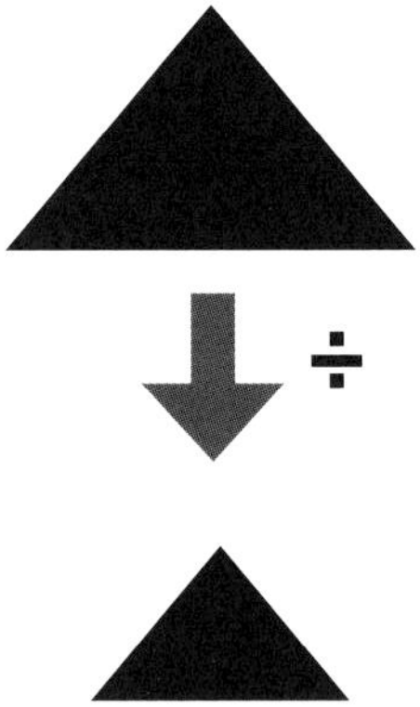

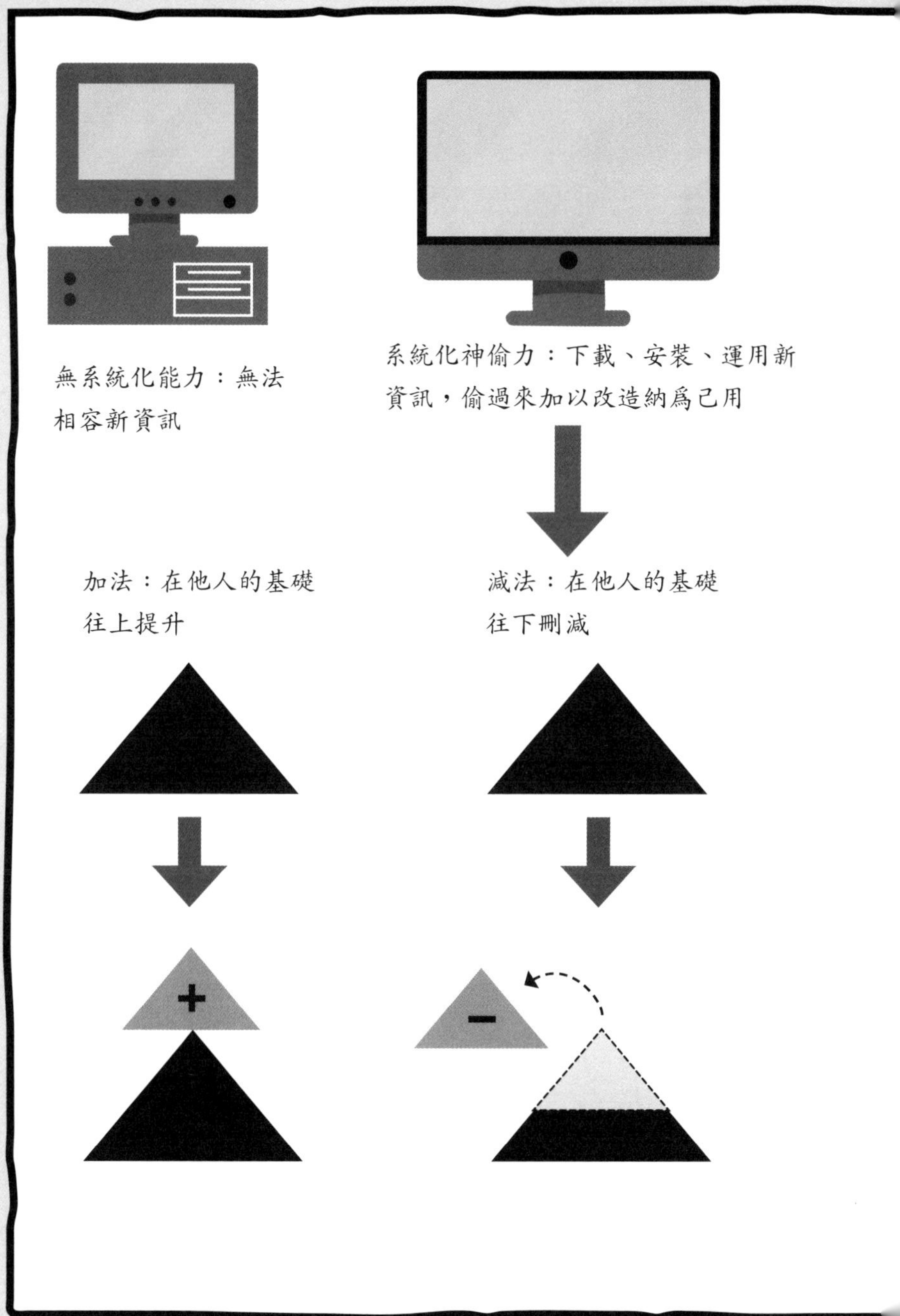
無系統化能力：無法相容新資訊
系統化神偷力：下載、安裝、運用新資訊，偷過來加以改造納爲己用
加法：在他人的基礎往上提升
減法：在他人的基礎往下刪減
+
–

I. 系統

將破碎的資訊，透過蒐集、整理及儲存，隨時提取

記得在我十多歲念商專時，教經濟學的老師曾告訴我們，我們念商科的，只讀教科書是不夠的，教科書上教給我們的，只是一些固有理論或過去案例，可能無法即時反應最新的現況。

於是老師要求我們，應該多看看商管類的報章雜誌，並推薦了《商業周刊》及《經濟日報》，鼓勵同學可以主動閱讀。當天我就找了一家超商買回家，想好好的來翻閱一下。

問題來了，當時我在讀這些商業文章時，根本完全進不了狀況，一來有看沒有懂，二來也感受不到任何的興趣。可以說是每一個字都看得懂，但就是沒辦法看懂作者到底想表達什麼，彷彿就是一堆跟自己無關的文字湊在一起，就算耐著

性子勉強讀了半本，書一闔起來後，腦袋中竟然什麼都沒有留下，完全無感、無趣還消化不良。

難道是我對商業文章沒有天賦，以致於吸收不了嗎？似乎也不是。有趣的是，在經過了十多年後，我卻在學生時代完全看不懂的《商業周刊》上開專欄分享文章。

到底這十幾年來，我有什麼地方不同，是俗稱的「開竅」嗎？還是這就是「系統化」後的能力呈現？

系統化的能力

所謂系統化能力，就像是一臺性能卓越的最新電腦，當出現任何想用的軟體及檔案時，就能迅速的下載、安裝、運用，有了系統化的能力，就能夠在新舊知識中作連結及儲存，有系統的存進自己的硬碟中。

沒有系統化能力，就是一臺已經瀕臨淘汰的老舊機種，當出現任何想用的軟體及檔案時，因爲系統不相容，總是會出現錯誤訊號而無法讀取正確訊息，最後也不能正確的存進硬碟，只能丟進資源回收桶中。

在我學生時代，因爲對課業沒興趣，對課本無感，也還沒有眞正接觸到商業環境，所以我就像是一臺系統沒灌好的機種，就算看見任何的商管知識，也會因爲系統不相容而儲存不下來。

當我隨著大學、研究所，隨著商管知識的日積月累，再加上踏上職場後，親身接觸到不少實際案例，那些過去完全看不懂的文章，才漸漸有了心得，再加上商管寫作習慣的培養，讓我這套過去沒有效率的舊系統有了升級的機會。

過去我看一本商管書籍可能要讀上半個月，還不一定能掌握到太多重點，現在可能只要讀上半個鐘頭，就能掌握到不少爲我所用的系統。

系統化的能力，就是將原本破碎的資訊，透過蒐集、整理及儲存，能夠更便利的隨時提取出來運用。

過年時親朋好友總喜歡聚在一起打打麻將，而那些平常沒有在打的菜鳥，常常摸一張牌要想很久，還不一定打得出正確的牌。反之，那些老手可能只需半秒鐘就能決定摸牌的去留，更厲害的，老手就算沒有看見上下家的牌，也能從他們曾經打過的牌，就判斷出每個人手上握有的牌局及想要的牌爲何。

這就是因爲老手已經培養出了對這遊戲的系統力，不只能夠快速反應牌，更可以預測他人的牌理。

加法、減法、乘法、除法、借用、連結、聯想

沒有系統化的知識，就像是一根根獨立的樹枝，彼此雖然存在卻互不相連，也無法交叉運用；而系統化後的知識，則像是一顆開枝散葉的樹幹，樹枝雖然獨立展開，但卻又存有同一根源，可互爲引援，成爲一個系統化的網絡。戴森（Dyson）公司創辦人詹姆士．戴森（James Dyson）曾說：「**創意就是創造沒人設想過的事物，替從前無法解決的問題，提出過去不存在的解法。**」

系統化能力最重要的功能，事實上並不是儲存「輸入」，而是運用於「輸

出」，藉由將系統化的資訊及知識作一個借用與連結，就有機會創新。賈伯斯說：「**創新＝借用與連結。**」

系統化後的運用，可以有很多種方法。

「加法」是在他人的基礎上往上提升。

「減法」是從他人的基礎上往下刪減。

「乘法」是將他人的東西與另一物相結合，激盪出全新東西。

「除法」是將他人的東西濃縮，萃取出最精華的部分。

除此之外，還有諸如借用、連結、聯想等，只要能夠系統化，就有機會在他人的現有基礎下，找出新的價值。

II. 加法
先把別人手上的東西學起來，往上加就對了

如果想開一家咖啡店，而你原先並沒有相關的基礎，有哪些作法？

透過加盟連鎖品牌或許是一個不錯的方法，然而這樣的作法不但須付出高額的權利金，還必須受限於總公司的規矩，而爲了防止核心技術被學走，不少連鎖品牌通常是一條龍幫加盟主服務到好，所以最終加盟主僅能學到皮毛或是一部分的技能而已。

如果想要跳脫這種ＳＯＰ的加盟模式，另外一種最好的方法，就是找到一家自己喜歡、又經營成功的咖啡廳，直接想辦法進去當學徒，然後從咖啡豆的選擇、烘豆、煮咖啡，菜單設計、顧客服務，環境營造等環節，都好好的去感受並學習。

事實上，世界上最成功的咖啡品牌星巴克（STARBUCKS）的創辦人，最初

就是採用這樣的方法，進入咖啡廳的領域。

星巴克的創辦人舒茲（Howard Schultz）原先只是一位咖啡廳設備的銷售員，直到一次公司訂單上一個特別的名字及銷售額吸引了他的注意。一家位於西雅圖名爲STARBUCKS的咖啡廳，一次跟他們公司訂購了大量的咖啡壺，訂購的數量甚至比起大型的百貨公司更多，這頗爲不尋常，於是好奇心旺盛的舒茲，就決定千里迢迢遠從紐約來到了西雅圖朝聖。

當他走進了這家咖啡廳時，立刻感受到他過去前所未有的氛圍及感動，讓他不自禁的想要一直待在這個空間裡，於是他回到紐約後，就毅然的辭去了原本的銷售員工作，進入到這家咖啡廳來工作。

直到學藝漸精後，就帶著從這間咖啡廳學到的所有本事，出去開創一家屬於自己的咖啡廳。他未曾忘本，新咖啡廳的所有原物料不但都來自於原咖啡廳，甚至在烘豆及煮咖啡的技巧上，也得到了原老闆不少的指導。

最後，舒茲更直接跟前老闆買下了STARBUCKS的經營權，在原有的基礎下，一路將之打造成爲全球最知名的咖啡廳品牌。

直接找到模仿目標，再往上加

想要在某領域快速的上軌道，甚或是贏過競爭對手，最直接又直覺的作法，就是想辦法將競爭對手的本事先學起來，好好的複製並模仿他人的東西，然後在這個基礎下再努力提升，加上一些新元素，加上一些新點子，就有機會作出更好的東西。

這樣的案例，在科技業也是屢見不鮮，現在已經是世界級品牌的韓國SAMSUNG，在過去只是一個三線品牌，不少的零件還得跟其他廠商購買。直到SAMSUNG開始下重本培養自己的研發團隊，並遠赴日本虛心向領先廠商學習取經，學習他們的製程技術，學習他們的管理哲學，最終不但成功將不少的成功美學帶回，再結合了自身的優勢，突破原先的技術門檻，如今，SAMSUNG已經跳脫原先亦師亦敵競爭對手的框架，走出自己的路。

之後隨著智慧型手機iPhone的成功，iPhone就成了SAMSUNG接下來借鏡的標的，從產品技術、設計到行銷思維，其實只要是值得借鏡的地方，都可以偷取並模仿，再從中去創造出原先沒有的其他特點。

加法思維

數學的世界中擁有許多的數學符號及算式，加法可說是孩子們學習數學時，第一個學到的數學符號，也是最基本最常使用的數學符號，它最符合人們的慣性思維，也是人們日常生活中最常用的。

加法直接又直覺，也是大部分的學校教育及職場教育最基本的原則，先能學得老師及教科書上的基本後，再想辦法往上加，強化進步的空間。

事實上大部分的競爭對手都會藏一手，不太願意公開自己的核心競爭力，所以有的時候還要掌握一點「還原工程」的技術，去猜測並補齊可能遺漏的部分，而在整合的過程中，就有機會去加上自己的優勢，結合出自身最後的競爭力。

成功沒有什麼大學問，找到值得學習、值得偷取的對象後，想辦法先把別人手上的東西學起來，從別人的基礎往上加就對了。透過模仿及學習，快速的讓自己跟上領先群，再結合自身優勢，找機會超越領先群，這就是一種加法思維，也是最直接直覺的成功方式。

III. 減法
創新是保留最重要的功能，其他的說NO

過去商業上如果想跟其他競爭對手作出區隔，最常見的是採用「加法」的思維。以理髮院來說，就是推出指定設計師服務，精油洗髮、護髮療程，甚至提供一些簡單按摩或是熱茶，希望透過「加法」服務，讓自己從競爭者中脫穎而出。

因爲我是男生，記得學生時代每次去剪頭髮，要剪的髮型幾乎一成不變的就是簡單的修短。於是理髮師一律用推剪，把兩側及後面整個推掉，再花一點點的時間稍微修剪一點，很快就被推去洗頭了。理完後我也不用上膠也不用造型，用吹風機吹乾即可，就這樣，也要將近五百大洋。

這和其他在同一家理髮廳消費的女性相比，我覺得自己所需要的服務根本不用那麼多，那能不能提供少一點、便宜一點呢？

要與競爭對手作出區別，一定只能用「加法」嗎？回過頭來想想，眞的每個顧客都需要那麼多的服務嗎？倘若從「減法」去思考，也有很多的可能。

於是有理髮廳開始不提供按摩、不提供茶水、不提供造型、不提供燙染，剪完頭髮後還得自己沖水、吹乾頭髮，而這樣的快剪可能只要一百大洋，省下了客人的時間及金錢。

類似的思維到處都在，比如像自助餐、販賣機點餐、迴轉壽司的餐飲模式，就精簡了部分的人事成本，飲料店如果自備杯子則提供環保金折扣……這都是一種「減法」的思維。

不要只想著加什麼，要想什麼東西不需要

減法的思維是一種逆向思維，當其他人還在思考能加上什麼東西時，我們卻要反過來思考，到底還能夠減掉什麼？畢卡索（Picasso）就認為，所謂的創意有時候不是想著要增加些什麼，而是要刪減掉什麼，點子需要聚焦簡化。

知名的傢俱品牌IKEA，就是一個相當懂得用減法來作生意的品牌。

過去所有的賣場往往採用了大量的人力資源在進行存貨管理，爲了能夠節省倉儲空間，也爲了節省人事成本，**IKEA**的創辦人英格瓦．坎普拉（Ingvar Kamprad）從一九五○年代開始，就開始將摺疊家具、易攜帶的平整包裝概念加入在他的設計中。與其找來大量店員爲顧客找產品，不如將商品清楚的陳列給顧客，讓客戶自己找、自己取，再自己帶回家。

爲了更忠實的實踐這套減法哲學，從產品設計開始就得不斷的思考如何壓低成本，而脫穎而出的提案往往就贏在一根木材或是一顆螺絲的差別，並堅持採用模魂組合，這樣的理念不但有效降低成本，更激盪出不少的設計創意。

有形的事物上要用減法，無形的資訊也不可以放過，**IKEA**採用統一的商品規格及訂價，往往半年才調整一次，減少管理的需求，也減少顧客購買決策的資訊過載，資訊愈清楚透明，就少了作功課的時間及精神。

音樂創作者查爾斯．明格斯（Charles Mingus）說：「**化簡爲繁，屢見不鮮；化繁爲簡，甚至於極簡，才是創意。**」減法作的好，從管理、行銷、設計、包裝、倉儲都能更有效率，榨出更多的利潤及績效來。

減法思維

減法思維就是一種精簡思維，要不停的將無用且多餘的部分去除或簡化，讓東西可以愈簡單愈好，如此才能看見重點，並專注在重要的東西上，化繁爲簡，去掉了複雜，把時間花在值得花的地方，找到有價值之處。

賈伯斯曾說：**「創新不是對一切都說YES，而是保留最重要的功能，對其他的一切說NO。」**

與其思考還有什麼可以「加」，不如思考還有什麼可以「減」。多多益善是人的天性思維，喜歡增加不喜歡減少，但回過頭來想想，人們眞正需要的東西眞的那麼多嗎？但也正因爲多數人的慣性都是加法思維，所以減法思維反而更容易找到市場缺口。

科技始終來自於人性。科技的進步，就是在減少人們的麻煩，降低人們選擇的困擾，節省人們的時間，這也是減法思維的一種。

減法需要清晰的思路，想清楚什麼東西需要，什麼東西不需要，掌握重要的部分，拿掉不重要的雞肋。很多時候，創新不一定是加東西，而是有策略的在減東西。

少些選擇、反而更能聚焦，跳脫慣性的加法思維，找出那些其實沒那麼必要的部分，進而果斷的拿掉他們，當個聰明的減法思維者。

IV. 乘法

將兩個不相干的元素相結合，有機會創造出新的東西

在這個時代想要白手起家，論資訊、論經驗、論人脈，都一定比不過早已經執業多年的同業前輩，再加上規模的不足，想要在初出茅蘆之時，就找到自己的方向及定位，實屬不益。

在剛開始經營自己的事務所時，發現多數的市場早已經飽和，成了一片紅海，較有利潤的市場缺額，通常早已被占了先機。

即使如此，我發現不少的初出茅蘆者，在已經相當擁擠的同業市場中，仍然能找到自己的一片天，他們通常都有一個共同點——不會完全照著同業前輩的成長軌跡走。雖然一樣都是經營財務或稅務等相關業務，卻懂得利用自己其他的優勢作結合，加入「乘法」的思維。

什麼意思？

有人精於財務管理，於是在爲客戶編制財務報表之餘，同時成爲顧客的管理顧問，爲顧客提供管理面的建議。有人精於資訊管理，自己寫了簡單易用的會計軟體，提供給客戶及同業使用收取授權金。

有人精於人脈管理，透過整合自己曾參加過的各大社團及課程，爲自己找到了一群最佳推銷員。有人天生就是個表演者，一站上舞臺就能發光發熱，還經營起自己的直播平臺，透過直播分享自己的專業。

而我默默的透過專欄寫作，也幫自己在同業間，找到了區別及不同的定位。

換言之，如果你想切入的市場早已經是一片飽和的紅海市場，那麼就一定要爲自己加入「乘法」的思維，透過將不同領域的專業或興趣相結合，找到一個最適合自己的方向及定位。

手機與汽車的演進，就是乘法循環的產物

無論是手機或汽車的發展史，都是一連串「乘法」思維的演進。

最早期的手機僅有通話功能，隨著手機技術的進步，開始有人將「手機」與「音樂」相結合，有了音樂手機。再隨著手機技術的進步，有人開始將「手機」與「相機」相結合，有了照相手機。

之後又有人將「手機」與「電動」相結合，手機開始有了豐富的電玩遊戲選擇，再隨著近代手機工業技術的進步，更成功將「網路」及「電腦」的功能都搬進了手機裡，進入到人手一機的智慧型手機時代。

車子的演進亦然。最早約西元前二千年，人們開始將「馬」及有輪子的「車」相結合，進入到馬車的時代。直到將近二十世紀，人們才開始試著用「蒸汽」與「車」相結合，尋找新的動力，之後，賓士的創辦人卡爾・賓士（Carl Benz）在一八八四年成功將「車」與「汽油引擎」相結合，生產出第一輛汽車。

然而車子的生產效率一直無法提升，直到福特汽車的創辦人亨利・福特（Henry Ford）於一九〇八年將原先用在豬肉屠宰場所使用的「流水線生產」與「車」相結合，汽車才得以開始量產，走入大眾化的市場中。

再隨著科技的進步，於是「電力」與「車」相結合有了電動車，「無人電腦」與「車」相結合，有了無人汽車。

發現了嗎？其實絕大部分的構想及創新，就是在玩一種「乘法」的遊戲，透過將兩個原先不相干的元素相結合，就有機會創造出新的東西來，而最重要的一個思維，就是不要拘泥於過去所習慣的框架及方式。

福特曾說：「**如果當初讓我去問顧客他們想要什麼，他們只會告訴我：一匹更快的馬。**」

乘法思維

荷蘭的經濟學家熊彼得（Joseph Schumpeter）於一九一二年提出破壞性創新的概念，指出創新就是將原先的生產要素，採用全新的方式重新組合或排列，以提高效率或降低成本的一種經濟過程。

因此，創新可概分爲兩種，一種是透過「加法」的創新，比如每一年各大廠商發布的最新款手機，或許是相機畫素的提升，或許是螢幕尺寸的提升，又或許是處理器或記憶體的提升，雖然每年都有進步，都還算是在相同組合要素前提下的提升，僅能算是改良性的創新。

另一種則是透過「乘法」的創新，比如從過去僅有通話功能的手機，發展出音樂手機、照相手機、電動手機、智慧型手機等等，這就屬於破壞性的創新，是一種「乘法」的創新。

創新思維有時很簡單，將兩個完全不同領域的思維相結合，就有機會找到新意。

V. 除法

把龐大的知識或資訊，濃縮成簡單易懂的方式

這是一個知識經濟的時代，不少名人也都曾經說過，閱讀及知識經濟是自己最重要的競爭力來源。

比爾．蓋茲（Bill Gates[）每一年都會不吝嗇的分享自己的推薦書單。特斯拉汽車執行長馬斯克（Elon Musk）曾說，他的企業能夠成功打造火箭，得歸功於他一直以來培養的閱讀習慣。巴菲特（Warren Edward Buffett）曾說：「**每天閱讀五百頁，然後你會發現知識是如何起作用的，它的威力就像是複利。**」

然而回過頭來想想，人人都知道知識經濟的重要性，但想要有效率的去吸收知識及資訊，似乎也不是一件簡單的事。於是爲了更有效的創造知識經濟，「讀書會」成了不少書本及知識愛好者喜歡的方式，一來能快速的接觸整理過後的書單，二來也透過人與人之間的互動，讓書本中的知識得以活用交流。

再隨著網路經濟的興起，開始有人於網路上開啟了「說書」市場，透過說書人對於書本知識的內化及濃縮，讓原本可能要花上數天才看得完的書單，能夠在短短不到一個小時的時間裡，將書中的精華傳達給聽眾，也正因爲知識有價，因此創造出可觀的商業價値。

無論是讀書會的交流，還是網路上說書人的分享，都是一種「除法」思維的運用，將原先龐大不易吸收的知識及資訊，透過某些方法濃縮後來萃取重點，幫助參與者能更快的進入狀況。除法思維用的好，就是在幫助人們更簡單的達到想要的目標。

英國最大的保險組織，源自於一家咖啡廳

英國倫敦曾於一六六六年發生了城市大火，幾乎燒毀大半城市，卻因爲這場大火強力的帶動了內需，隨著資產階級的革命，航運獲得迅速的發展。

一六八八年，一位名爲愛德華．勞埃德（Edward Lloyd）的商人在泰晤士河

畔開了一家咖啡廳，由於位置鄰近航海業的各大機關，於是這家咖啡廳很自然的成了不少航海業商人、船東、船長、銀行及保險業者閒聚交心，交換資訊的地方。

他看見了知識經濟的可靠，更看見航海資訊的可貴，認爲這可能會是一個很大的商機，於是他開始搜集知識及資訊並進行整理，在自己的咖啡廳中分享給這些客人。

當時的船長及船員多數爲東印度公司工作，通常須長時間在海上漂泊，而多數的船長其實不太懂得去衡量風險，更不清楚保險的價値。看見了他們的需求，於是開始爲這些人提供船舶航程及費率的制定，並透過分析他們可能遇到的風險高低及機率，提供量化的保險資訊。再透過經常性的舉辦如貨物招標、拍賣等活動，更定期出版相關的新聞及刊物，提供許多重要的船運及保險資訊。

勞埃德讓自己經營的這家咖啡廳，成了不少航海商人、保險、銀行業者洽談保險及商務活動最重要的空間。

之後隨著逐漸的制度化，保險的標的愈來愈透明，投保人可以在承保合約上清楚註明船舶編號、貨物清單、投保範圍及金額等，奠定了海上保險相當重要的基礎，而勞埃德則成爲所有航海相關業者爭相結交的貴人。

最後這家咖啡廳在經過了數百年後，發展成了今天英國最大的保險組織勞合社（英國勞埃德保險市場，Lloyd's）。作的只有一件事，不停的整理並濃縮所有有用的知識及資訊，幫助更多人更有效率的得到這些知識及資訊，這就是一種除法的概念。

除法思維

除法思維的價值處處可見，過去在網路尚未普及的時代，當我們需要任何的資訊，可能都需要在圖書館中找上一整天的時間，或是實地去查訪詢問，都還不一定能找到我們所需要的資訊。

然而隨著網路經濟的來臨，這個問題獲得了解決，Google的創辦人佩吉

（Larry Page）當時亦有感於網路資訊雖豐，卻尋找不易，於是他想到了一個自製的獨特程式排序法，透過鏈結的方式，成功將所有網路世界的內容保存起來，並就像編製了一個網路世界的地圖一樣，幫助人們能快速找到他們所需要資訊，最後這套系統成了全世界最大搜尋引擎Google。

回過頭來想，這些資訊都不是Google自己所產出的，系統只負責鏈結並帶路，就將原先龐大不易取得的各種資訊，囊括在自己的搜尋引擎及資料庫中，創造了鉅大的商業價值。

這就是一種除法思維，把原先龐大的知識或資訊，用最簡易的方式帶給人們，就有機會成就一個新事業。

VI. 借用

與其自己無中生有，不如想想要去誰家「借」

曾經有位朋友問我，我的文章經常會出現許多「名人」與「名言」，到底我是如何那麼恰巧，都可以在寫完文章後，找到剛好適用的名人名言來幫我「站臺」。

事實上正好相反，很多時候並不是我完成文章後，恰巧能找到合用的名人名言，而是看到了某些名人提出的名言及觀點後，覺得很有啓發性，才反過來借用，將這些名言結合自己故事，寫出一篇文章。

所謂的名人名言，通常都具有一定的代表性及啓發性，反過頭來思考，如果能夠好好滲透每一句名言背後的意涵，就像是看完一本好書，得到的啓發不亞於一整本內容厚重的書本。

而借用名人名言的另一個作用，就是借用他們的名號來爲自己的觀點背書，有趣的是，雖然不少的好觀點都已經有前人提過了，但只要能「偷」或「借」，成功融入自己的作品爲自己所用，就有機會激盪出其他專屬自己的觀點。法國名作家紀德（André Paul Guillaume Gide）曾說：「**該說的話都已經被說過，但是因爲沒人在聽，所以還得全部再說一遍。**」

三國時代的知名軍師諸葛亮，曾經因爲周瑜的妒忌，被要求在十天內造好十萬支箭，否則軍法伺候。

諸葛亮深知這十萬支箭根本不可能十天造出，於是他借來二十艘船，帶上千多個草人，於大霧漫天之時驅船進入敵軍曹營，再將草船一字排開擂鼓吶喊。結果敵營投鼠忌器，不敢冒進，於是放出箭雨，恰好這些箭雨都落在了準備好的草人身上，最後全數被諸葛亮借了回去，才完成這個幾乎不可能的造箭任務。

其實自古能有所成就之人，都很擅於借用他人的東西，來成就自己的目標。

借用他人的商業模型及產品，來成就自己

直銷品牌安麗（Amway）的創辦人傑．溫安洛（Jay Van Andel）及理查．戴弗斯（Rick DeVos）從高中時代就結識，當時從他老爸手中得到了一部老爺車，尷尬的是他並沒有多餘的零用錢來爲這部車加油，同一所高中的理查卻恰巧相反，他欠缺的是上學的交通工具，於是兩人一個借出車子，一個借出加油錢，一拍即合，從此開始有了聯手創業的想法。

他們經營過飛行學校，也開過漢堡店，還曾買過一艘多桅式帆船，航向了加勒比海，在全世界各地的陸海空中冒險，回到家鄉後再開始向故鄉的人們述說著他們的故事，也逐步培養起他們的口才及說故事的能力。

在一個契機下，他們接觸一家名爲Nutrilte的直銷公司，並深深爲其商業模型著迷，立刻以四十九美元的代價買到了目錄及產品，成爲直銷商，並迅速的在短短幾年內成爲公司中最成功的直銷商。

最後他們借用這套商業模型及產品線，就在家中的地下室創建了安麗公司，商業模型是借用別人的來加以改造，最初的產品更是直接從別人家拿，雖然如此，隨著兩人傑出的經營能力，經過數十年後，安麗今天已是全世界最成功的直銷商之一。

借用

除了商業模型之外，其實不少品牌在命名之初，也借用了他們的文化意涵。說起冰淇淋品牌，多數人第一個想到的通常都是哈根達斯（Haagen-Dazs），有趣的是，Haagen-Dazs在語言中雖沒有明確意義，卻是借鏡於歐洲丹麥文的一個生造詞，所以Haagen-Dazs是歐洲丹麥的品牌嗎？不，其實它是一個道地的美國品牌。

創辦人馬斯特（Reuben Mattus）當初借用丹麥文來爲品牌命名，一來出自於自己對於丹麥的感情，二來出自於市場的考量，藉著充滿歐洲風味的品牌名，搭配上標榜不加防腐劑的品牌定位，讓這個品牌成功引起紐約人的興趣，最後更發展成世界級的品牌。

在臺灣，即使創辦人及發源地都是來自異地，只要對於品牌意象具有價值，這種借用品牌印象的例子無所不在。例如日本料理店，通常會借用日式文化命名，如王品的藝奇（iiki）日式料理，即爲日文「一起」（一気）之意；法式料理通常會以法文爲名、美式料理則以英文命之。

所以不難發現，所有成功的事業，都很勇於去借用他人的元素，來爲自己作形象管理。透過借用他人的資源，來連結自己的東西，完成自己的目的。想成功，與其想著自己無中生有，不如好好的想想要去誰家「借」。

VII. 連結

積累社會資本，連結每個人，能帶來龐大商機

金庸小說《鹿鼎記》的主角韋小寶，是近代所有著名的武俠小說中，唯一一個完全沒有武功的主角。然而在以武功高低決定江湖影響力的武俠世界中，韋小寶卻不用一點武，就擁有了極大的影響力。

因爲他擁有的是連結力，比起武藝精湛，這個連結力具有更大的威力。

韋小寶自小在妓院長大，目不識丁、武藝不精，但卻充滿著機智與小聰明，因緣際會之下進了皇宮冒充太監，與皇帝康熙成了心腹知己，聯手擒殺鰲拜，屢立大功，成了宮中的大紅人。又因緣際會之下，成了天地會總舵主陳近南的徒弟，變成青木堂香主。還捲入四十二章經謎團，成了神龍教白龍使。

韋小寶憑藉著他的機智與反應，屢遇奇險卻能化險爲夷，周旋於多方勢力及結交多方大人物。正因爲如此，他一個人，幾乎連結了朝廷、江湖、宗教，甚至

也曾籠絡如蒙古西藏等他國勢力。這讓他成爲各方勢力都渴望結交的達官貴人，還娶了七個老婆，大享齊人之福。

回過頭來看，目不識丁，又武藝不精的韋小寶，憑什麼？就憑他擁有的「連結力」。而這種連結力，可以用在人與人、事情與事情、物品與物品，只要能夠創造價值，就是一種好用的連結力。

將人與人、商品與商品找到連結

從事業務工作需要商業機會的引薦，在商場上，連結力的高低，有時候就決定了一家公司商業力的高低。

一九八五年就有一位從事商業諮詢工作的伊萬．米斯納（Ivan Misner），爲了能夠增加引薦的機會，於是找來一群志同道合、行業別不同的朋友，並承諾開始爲彼此引薦業務。

爲了保護彼此的產業，消弭內部競爭，一開始就規定一個行業只能有一個人加入。然而問題來了，當時有一位女士很想加入他們，但因爲業種重疊，因而被屏除在外，這無疑成爲組織發展的一個阻礙及瓶頸。

於是他們想到一個方法，就是既然這個組織的各行各業已經有了，不如就創造一個新的分會，重新凝聚各行各業的商務人士。

因爲這一次的契機，伊萬發現原來有「連結」需求的人那麼多，於是他透過持續的研究及修正，在一九八五年創立了ＢＮＩ（Business Network International）[2]這家公司，透過一個特許經營的商業模式，來爲各分會的會員提供引薦機會。

事實上，伊萬根本不用提供任何商務資源，他只提供了一個平臺，就能連結各行各業的業務機會，這樣的一個連結動作，就帶來了龐大的商業利益。

連結

過去，如果我們想吃一頓美食，可能得親自搭乘交通工具，花上不少時間，才得以去到一間美食餐廳；然而隨著不少美食外送平臺的出現，如今我們已經可以在家中就享受點餐的服務。

有趣的是，外送平臺本身並不賣餐點，他們只是提供了餐廳及饕客的連結。

過去，如果我們想買一樣東西，可能得花上不少時間親自跑一趟商店，才能買到想要的商品；隨著不少網路賣場及拍賣平臺的出現，我們只要在電腦前動動手指頭，就能享受購物的樂趣。

有趣的是，拍賣網站本身並不賣商品，他們只是提供了賣家及買家的連結。

過去，我們想要知道老朋友的近況，可能得三不五時約三五好友出來吃個飯聊聊天，然而隨著社群網站的興起，如今我們只要在社群網站滑滑動態訊息，就能看見老朋友的近況。

有趣的是，社群網站本身並不提供訊息，他們只提供人與人之間的連結。

即使他們根本沒真正提供什麼實體的商品，卻創造了比起實體商品更大的價

2 全世界最大最有效率的商務引薦機構。

值，這就是一種連結經濟。跳脫過去工業時代追求實體產品品質的框架，如今最有價值的東西，反而是連結力。

只要能夠連結人與人、商品與商品、訊息與訊息，就能積累成社會資本，讓每個人都能參與其中，帶來龐大的商業價值。

VIII.

聯想
顧客買的通常不是產品本身，是產品帶來的感覺

大學剛入學的大一新鮮人，班上總會安排不少活動來促進各科系同學間的交流及認識，這是一個結識其他科系異性同學的機會，其中一種普遍的活動叫「抽學伴」。

抽學伴，顧名思義就是用抽籤的方式，去尋找其他科系班上能夠一起學習的伴，通常是由班上的公關來進行聯繫，由於這樣的活動很容易流於形式，因此經常變成在瞎忙，多數學伴之間根本鮮少互動甚至沒碰過面。

某大學一個男生較多的工科班級裡，班級公關好不容易盡責的找到了女生較多的商學院，來進行抽學伴的活動，但回到班上時，班上同學卻顯得意興闌珊，連籤都不想抽，因爲依照過去的經驗，這活動根本沒搞頭。

但已經跟對方公關敲定好了，該怎麼辦？

最後，公關想到了一個鬼點子，他在抽學伴的活動紙上，加上一些自己瞎掰的備註形容詞，提供班上男同學們一些想像畫面。

於是，諸如「可愛、豐滿、有氣質、活潑、韓風、運動型、傻大姊」等形容詞就一一冒了出來，再更具體一點的，連「新垣結衣、波多野結衣、全智賢」等明星的名字也出現在抽學伴的活動紙上。

沒有這些形容詞還沒感覺，有了這些形容詞，好像整個抽學伴活動都有了鮮明的畫面，班上的男生開始High了起來，還大張旗鼓的起鬨討論，當成自己在選妃一樣！

「可愛很危險，一定是地雷。」

「誰要氣質啦，我們都是衣冠禽獸。」

「你四肢發達，適合運動型啦。」

「波多野結衣，阿嘶……。」

還有兩個男生因爲認眞過了頭，爲了要爭搶「新垣結衣」，差點吵了起來，好不容易才達成協議，決定一起爲了當新垣結衣同學的學伴，來一場公平的競爭。

然而就在大家瘋了一陣後，愈討論卻愈覺得不對，這些在備註欄上的形容詞，到底是誰來決定的？總不會是女生班的自我介紹吧？

於是，這場鬧劇的始作俑者班級公關，最後還是被班上的男生們給看破手腳，但不可否認的，這項活動因爲這些瞎掰出來的備註形容詞，有了話題及畫面，讓所有人都更能投入了。

NIKE & Michael Jordan

男同學都如此膚淺嗎？這倒也不是，只不過比起一如既往一成不變的活動，人們都會更喜歡去參與有話題又有畫面的，即使不一定眞有如此高的期待，但就是有感覺多了。

正因為透過鮮明的明星或是某些印象，來為品牌或產品代言，往往能收到立竿見影的效果，所以一直深受行銷界熱愛。一個產品如果能夠找到一位合適的代言人，就像是一帖特效藥，能快速的塑造出鮮明的定位及形象，讓人們產生一種投射心態，快速產生認同感。

運動品牌耐吉（NIKE）在一九八四年之前只是一個名不見經傳的小品牌，直到他們在當年找到了麥可・喬登（Michael Jordan）來代言後，耐吉才從此由原先體育用品市場中的小廠商，搖身一變成了今天的品牌巨人。這種透過明星球員來為商品代言的商業模型，不但從此成為他們公司的商業傳統，更成為所有競爭者爭相模仿的策略。

一種是找到了代言人後，再為其打造量身訂作的產品；一種則為產品設計出來後，再為產品找到最合適的代言人，藉由不同的定位達到不同的代言效果。

一個好的代言人選擇，往往能找到過去不曾被發現的市場需求，就像耐吉在找到喬登之前，球鞋可能只有實用性，但在喬登之後，球鞋從此成為了「收藏品」。

代言&聯想

代言人一定能百分之百代表產品嗎？那可不一定，但在人們的心中，擁有了產品就彷彿連結了代言人，有時候找代言人還不一定需要眞的花大錢重金禮聘，就像前述故事的新生公關，不花一毛半塊，就成功找到這些明星，爲這場聯誼起了代言作用及話題性，當然，代言人不一定能百分百代表產品。

在行銷的思維中，顧客買的通常不是產品本身，而是產品所帶來的感覺，一旦產品本身沒有強大的吸引力時，就必須試著去賦予或透過人人都熟知的明星或意象來「代言」。

這也是爲何在這個資訊爆炸的網路時代，能抓住消費者眼球的代言人，永遠是企業最想合作的對象。人要衣裝、佛要金裝，商品要包裝。因爲行銷賣的不是產品，而是感覺，找適當的代言人投射，有時候能讓事情更加順利。

換位思考

跳脫原先僵化的角度，從他人的立場或其它的角度來分析問題。

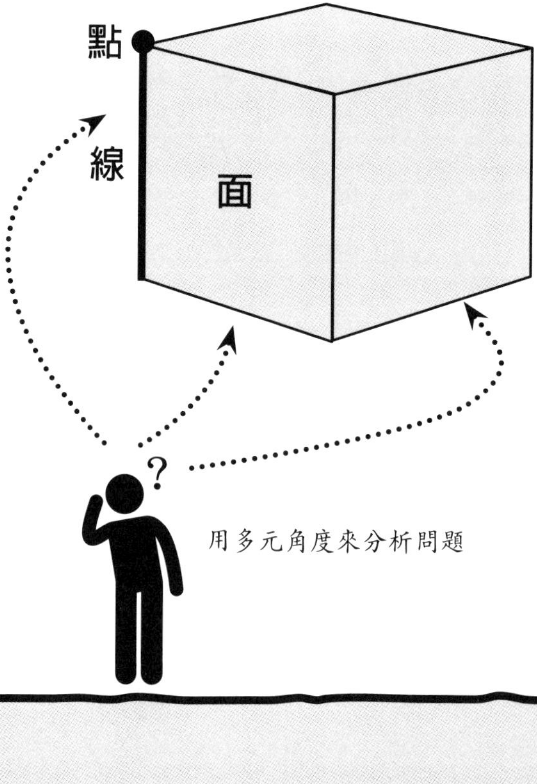

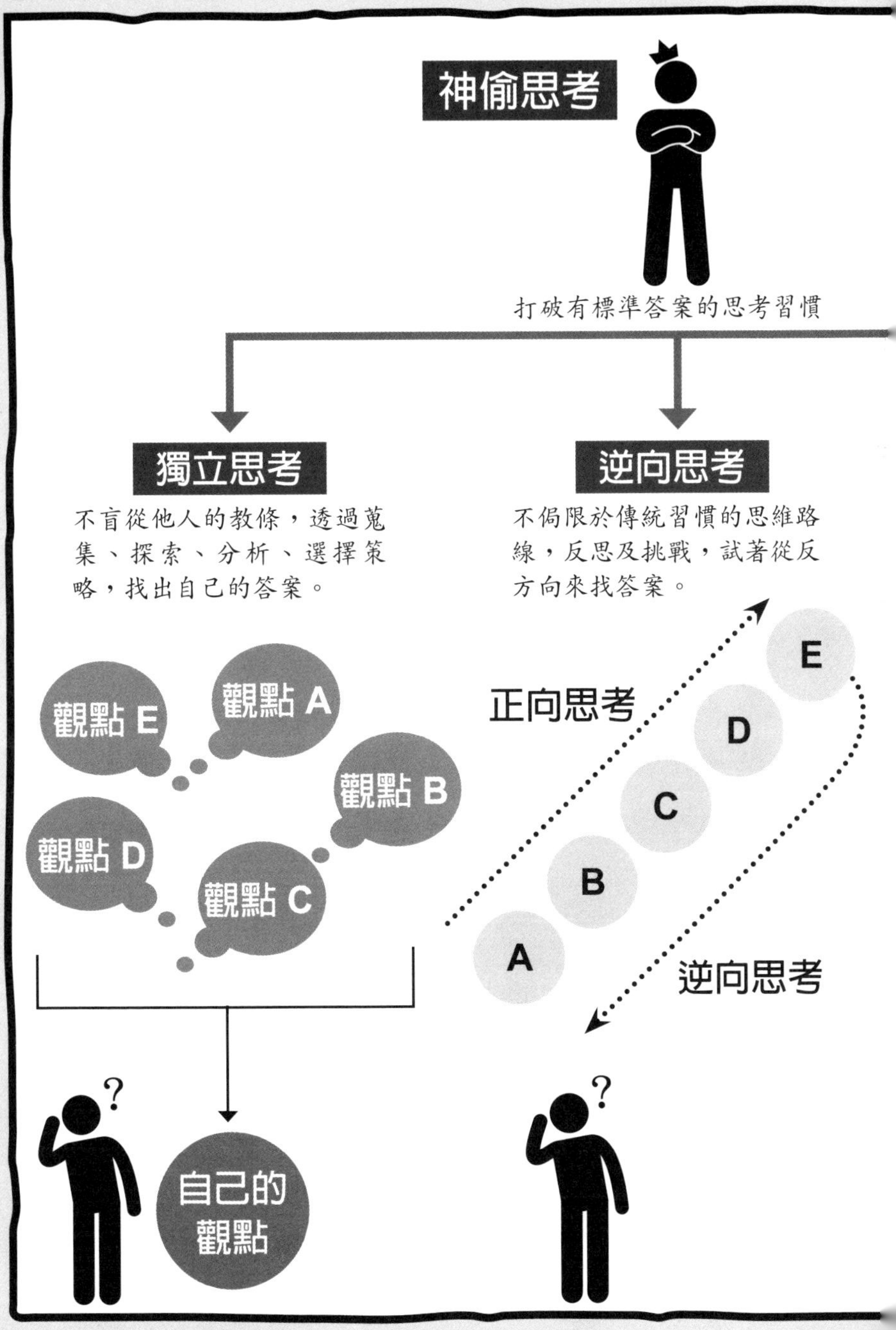
神偷思考
打破有標準答案的思考習慣
獨立思考
不盲從他人的教條，透過蒐集、探索、分析、選擇策略，找出自己的答案。
觀點 E
觀點 A
觀點 B
觀點 D
觀點 C
自己的觀點
逆向思考
不侷限於傳統習慣的思維路線，反思及挑戰，試著從反方向來找答案。
正向思考
E
D
C
B
A
逆向思考

I. 思維

別被標準框架限制，要有打破常規的思維

金庸小說《倚天屠龍記》中，張三豐曾臨危授課，將太極的武學精要傳授給張無忌。張三豐說：「只重其意、不重其招，你忘記所有招式，就練成了。」

有一次在學校分享了這電影片段給同學，我說：「這個時代最好用的競爭力，就是如張三豐所言的，重其意，不重其招。學校教的東西只能當做參考，能忘掉課本框架你才派得上用場，所以走出校園後，記得把學校教的東西還給老師。」

同學們一臉狐疑說：「這是在說什麼鬼啊，那是武俠小說，豈能跟現實世界混為一談，這不科學啊？」

科學？愛因斯坦（Albert Einstein）夠科學了吧？愛因斯坦曾說：「**教育，就是當一個人把在學校所學都忘光之後，剩下的東西。**」

是吧！武學泰斗張三豐，科學巨擘愛因斯坦，有沒有一種英雄所見略同的感覺？

爲什麼要念書？爲了忘記呀！

有位同學卻說：「既然在學校所學，最後都是要忘記，那我念書幹什麼？」

很簡單，就是爲了要忘記啊！

畢卡索曾說：「**要先弄懂規則，你才能知道如何打破規則**。」如果不多看一些東西來去蕪存菁，那麼會連腦袋的篩選機制都用不上，參考他人的東西是最快進步的方法，但不要侷限在他人制訂的遊戲規則裡，只留下有用的，化爲自己的血肉。

在知識經濟的時代，課本上有的，Google找得到的東西，都不容易成爲獨家競爭力，所以建議不要花太多時間在記憶標準答案，重複背那些註定要忘掉的東西。過去我們說「書到用時方恨少」，但現在是網路經濟時代，書要用時找得到就好。

數位時代的專業，不是把課本都背起來，而是遇到問題時，知道要去哪裡找答案。

習慣性的打破SOP

有一次我參加一場企業的招標活動，參加者主要是一些相關行業的廠商及來賓，不少人的簡報裡，花了相當大的篇幅複製貼上一堆標準又專業的文獻資料，之後還很認眞的做了個SWOT分析，找到了些優勢、劣勢、機會、威脅套進去。

但多數的簡報看起來都大同小異，都太制式、太標準了，要找碴沒得找碴，要找賣點，還眞沒賣點。觀衆不是沒在看，就是對這些簡報無感。而這個，不就是我們在學校報告時所學的標準SOP嗎？

當中卻有一家廠商老闆，可能因爲公司沒人念過MBA，他們的簡報從頭到尾都沒有規矩的放入我們所熟知的管理理論，沒有「SWOT」、沒有「五力分析」，連最基本的「4P」都沒有，只用照片說故事的簡單方式，介紹他自己的創意及故事，說明這家公司以創造在地就業機會爲己任，在用人時，都以社區裡的弱勢家庭爲優先考量，也因此有不少感人的好故事值得分享。

透過照片及故事分享，讓所有來賓都記得這位老闆，先不管最後這家公司有無得標，但他無疑成了現場最多人記得，也最想要跟他換名片的一位老闆。

神偷思維

在學校用來評估一個學生的學習成果得看分數，而想要拿高分，要嘛很會背，要嘛很會套公式解題，背的是別人知道的東西，套的是別人發明的公式，但這些技巧在離開學校之後，不但不一定有用，還可能框限住思考的彈性，侷限了創意的可能。

爲什麼貴人多忘事？因爲能創造價值的貴人，其實腦袋記不太住標準的框架，他們將腦袋拿來放在思考有價值的事物上，所以**貴人多忘事，但忘的是無關緊要的事，將有限的精神聚焦在重要的事情上**。這就是一種思考優化的習慣，將腦袋有限的記憶體，只用來思考重要的課題。

我們並不難在歷史中，發現不少在各領域過人一等的人物，反而在某一些生活上是個「白痴」，正因爲他們不願意浪費太多的記憶體，拿來儲存每個人都知道的常識。

要獨立思考，別被世俗的教條所惑。

要逆向思考，別被固定的方向所惑。

要換位思考，別被過去的習慣所惑。

要問題思考，別被眼前的問題所惑。

要培養神偷力，就要像神偷一樣思考，偷過來的東西要想辦法讓他面目全非，才是成功的偷竊過程。

II. 獨立

該思考的不是他人的標準答案，是屬於自己的答案

「賣傘的林老闆，一把傘的進貨成本三百元，售價五百元，一位過路客買了一把傘，給了張千元鈔，林老闆連同傘及五百元找給了客人，之後才發現拿到的千元鈔竟然是假鈔，那麼林老闆損失爲多少，你的答案是什麼？」

這是之前在學校與同學們分享的問題，原旨在說明會計成本及經濟成本的不同，採用讓同學隨意發表意見的方式進行，有趣的是，從最初的單一答案開始，在大家七嘴八舌後，漸漸又冒出了幾個我想都沒想到，卻又有些道理的答案。

多數同學的答案爲八百元，認爲賣這把傘賺了二百元，僞鈔賠了一千元，賺賠相加減之後，損失應該就是八百元。

少數同學認爲賣這把傘賺的二百元，尚有存貨、通路、時間及服務等成本付出，才有這微薄的利潤，並非無償所得，不該被作爲僞鈔損失的減項，答案應該純粹是僞鈔損失的一千元。

一位重視自己情緒成本的同學則認爲，損失應該超過一千元，因爲除了這張僞鈔的損失外，拿到僞鈔後一定一整天心情都會很「幹」，而情緒成本將足以影響到一整天的工作品質，更可能需要花大錢去吃大餐紓壓，這些成本當然要計入。

一位家裡作生意的同學卻認爲，損失應該小於八百元，因爲作生意最重要的就是經驗及教訓，僅僅花了一點小錢就得到這麼寶貴的機會教育，從此開始重視風險管理，不是很划算嗎？

從會計學觀點，答案可能是八百元。

從經濟學觀點，答案可能是一千元。

從心理學觀點，答案可以是非常大。

從管理學觀點，答案可以是非常小。

那麼，正確答案是什麼？還是，根本沒有標準答案？又或者說，你的答案，其實就是標準答案？一個看似單純的問題，把腦袋放到不同的位置來看，就有全然不同的答案，事實上只要夠有邏輯，這些應該都是標準答案！

我的答案，才是標準答案？

下課後有一位同學過來找我確認「正確答案」，他認爲自己所想的八百元才是對的，其他像是情緒成本的計入，又或是花錢買經驗的想法，都不該是標準答案……。

對嗎？

我們從小到大所受到的教育告訴我們，一個題目往往存在一個標準答案，但這卻增加了兩個侷限性。

第一個侷限，人們從此少了些創意，只會尋找正確答案，沒了自己的想法。

第二個侷限，人們有了自己的答案後，似乎就不再容易接納別人的答案了。

人與人之間的紛紛擾擾，很多時候正是起因於這些被侷限的正確答案，如此著實可惜，或許我們該培養的習慣，不是去尋找標準答案，而是試著分析完問題後，找出屬於自己的答案，再仔細去聆聽別人的想法。如果別人的答案不合己意，也不用急著去爭辯，因爲有時候答案並無好壞，只是差在思考方向不同。

最後我還是只能告訴這位同學：「你的答案，就是標準答案，但是他人的答案，也是標準答案，不過是每個人腦袋構造不同罷了。」

獨立思考力

一樣的問題，若能夠從不同專業領域的角度來看，就能找到不同觀點的答案，就連看似應該要有標準答案的數學題，都可能有多元解，更何況是其他更多元複雜的問題。爲了不成爲一個盲從的人，擁有獨立思考力的能力，就顯得更加重要。

賈伯斯曾說：「**不要被教條所惑，盲從教條等於活在別人的思考中；不要讓他人的噪音壓過自己的心聲。**」

獨立思考就是學會自己去推理問題並找出自己的答案，將已知的資訊加以組織整合，再透過蒐集、探索、分析、選擇策略，找出最適合的方法及途徑，擁有自己的答案。

常常聽人說，「不聽老人言，吃虧在眼前」，事實上這句話放到了日新月異、資訊爆炸的時代可能不適用。一來他人的答案不一定適合我們，二來這個方法過去就算合用，也不一定適用於未來。如果我們總是採用他人的教條來作爲自己唯一的方向，可能會經常碰得一鼻子灰。

巴菲特說：「**我們不讀其他人的意見，我們要的是事實，然後思考。**」

不要被過去認定的事實所影響，或許我們不一定改變得了事實，但只要切入的觀點不同，最後的答案就會有所不同。面對一個問題，該思考的不應該是他人的標準答案，而是專屬於自己的獨立答案。

III. 逆向

不侷限傳統思維路線，從反方向去找答案

「賣傘的林老闆在四月時另租了幾個攤位，起初生意不太好，請了陳經理來幫忙，六月就開始有了不錯的利潤，陳經理主張要趁勢擴點，林老闆卻說八月後要縮點，林老闆可能的考量爲何，你的答案是什麼？」

這是之前在學校中，與同學們分享的另一個議題，於是大夥們紛紛開始角色扮演林老闆，從各式各樣的方向來爲問題把脈，也理出不少頗具道理的答案來……。

「攤位要租金、管理及薪資成本，利潤其實可能沒那麼好。」

「企業最重要的資源是人，陳經理有了些成績，開始拿翹了。」

「雨傘賣太好缺貨，沒貨可以賣了。」

「展店太快可能反而吃掉總店的市場，產生競食現象了。」

「房東看林老闆生意太好，想要漲租金了。」

「林老闆中六合彩，賺錢不那麼勤了。」……。

有人從成本面思考，有人從人事面思考，有人從庫存面思考，有人從市場面發想，有人認爲房東可能想漲租金，有人單純在胡謅抬槓……。

同樣的問題，依據每個人過去的經驗及所學，就會衍生出完全不同的觀點及答案，其實這所有的想法，都是可能會發生的答案選項，也具有不少的參考價值。

然而若仔細想想，就會發現多數人所想出的答案，多是以經營者的供給面爲出發點，卻少了些顧客的需求面觀點。

亞馬遜（Amazon）的執行長貝佐斯（Jeff Bezos）在每次開會時，都會放上一張空椅子，代表著顧客的角色，讓每位與會者試著去發想，顧客看見的是什麼？

因爲有些好答案，要從顧客角度才能看得更清楚。

試著從需求者觀點思考

從供給者的角色來看，成本、人事、庫存到行銷，都會是相當重要的課題，也是每一位經營者都一定要面對的，那麼對於顧客而言，他們看到的是什麼？

顧客爲什麼買傘？遮陽、擋雨！

顧客何時會買傘？烈日炎炎之時，雨水紛紛之時！

何時有烈日雨季？烈日在臺灣是以夏季爲主的四到八月，雨季爲五到九月！

發現答案了嗎？就是如此簡單的推論，可能正是林老闆最主要的考量。

季節性強的雨傘產業，是需要看老天爺吃飯的，正所謂謀事在人，成事在天，老天爺不給烈日雨水的季節，就算成本管控的再緊，管理及行銷作的再好，可能都不是雨傘大賣的好時機，市場需求少了，此時就不適合擴點，反而應暫時縮編經營。

有趣的是，這個看似基本的答案選項，卻鮮少人聯想到。

人們的思維本來就具有方向性，會受到過去的經驗及習慣所影響，且容易順著問題的脈絡主觀思考問題，因此常常會存在些許盲點。如果我們只從供給者的角度來思考問題，有些答案可能永遠都找不到。

如果能夠逆向思考作好角色扮演，試著從他人或相反的立場來想事情，有時就能看見一些盲點，找出不少的好答案。

一個成功的導演，一定要能站在不同的角色立場去看事情，戲裡如此，戲外亦是如此。

逆向思考力

這種跳脫供給者觀點的角度，從需求者來思考的能力，就是一種逆向思考。

所謂逆向思考力，就是不侷限於傳統習慣的思維路線，試著從反方向來找答案。人們的思維習慣是有方向性的，而多數的情況下，人們都會習慣順著一定的方向來想事情，就像如果我們不了解雨傘的市場，在思考如何行銷時，通常只會順著自己有限的資訊及思考習慣來找答案。

所謂的正向思考，通常是指較符合多數人習慣的常規思考，而逆向思考則是對於慣例及常識的反思及挑戰，試著打破原先僵化的思維方向。雖然正向思考通常可以解決大部分的問題，但通常多數人所存在的共同盲點，答案往往藏在逆向思考中。

逆向思考絕對不是爲反對而反對，時時刻刻都得待在反對方，刻意標新立異成爲一個奇葩，它僅僅是一種思考習慣，提供更多的思考可能。

人們是群體的動物，常常容易陷入群體迷思而從衆，順著大衆習慣的思考路線前進，然而如果只懂得追隨他人的思考方向，就容易怠惰思考，沒了自己的思考軌跡，不如偶爾擺脫大衆思維，從反方向去找答案。

不要只順著自己的情緒及習慣前進，要逆向思考，才能帶來更多的可能。

IV.

換位
別急著從自己的角度下定論，進入他人的角色中思考

「一家中小企業辦公室的飲水機，是容量很小、需要到補水站搬水回來的舊式機種，不但補給不便，夏天還沒有涼水可喝。如果你是辦公室員工，究竟該如何才能說服勤儉的老闆，換臺新式的機種？」

這是一個在中小企業的眞實案例，對於辦公室的同仁而言，有個新型又方便的飲水機，將能帶來不少的便利性，然而對於勤儉的老闆而言，舊飲水機明明就還能用，哪有換的必要啊！

於是爲了能夠說服老闆，辦公室的同事們都在有意無意間，用自己的說法向老闆透露出想換飲水機的念頭。

第一位同事說：「老闆，飲水機不好用，沒有涼水喝，補水又不方便。」

老闆認為這位同事只是一個愛抱怨的人，不當一回事。

第二位同事說：「老闆，飲水機該換了，現在新出來的飲水機還不錯。」

老闆認為這位同事是能明確說出訴求的人，但一來飲水機還能用，二來也懶得作功課找資訊，就先擱下了。

第三位同事說：「老闆，飲水機X牌在特價、Y牌使用方便、Z牌訴求健康。」

老闆認為這位同事是能蒐集並分析資料的人，且有了選擇，似乎倒也可考慮換一臺。但天性節儉的老闆最後想了想，還是能省則省吧。

第四位同事看出了老闆對「省」的堅持及重視，於是過了幾天後，不經意的與老闆談起天說：「唉唷，這飲水機容量小、馬達舊，一天要煮沸好幾次，聽說這種舊機型一個月的電費比新的貴好幾百元。」

「貴好幾百元？」

對勤儉的老闆而言，補給不便或是沒有涼水都不是問題，但如果有機會每個月省下一些營業用電，似乎就是個值得思考的問題了，於是隨手拿起了第三位同事蒐集好的資料，仔細研究了起來。

思考問題的「點線面」

一般而言，說話要能夠產生影響力，能提出方向者優於只能點出問題者、既能蒐集資料又能提出分析者，優於僅能提出方向者；而能針對目標對象設計對話內容者，又更容易引導問題並達到目的。

其實這有點像是幾何學中「點線面」的概念，點構成線，線構成面，面構成一個立體。有人看問題只看到一個點，有人能找到一條線，有人能分析整個面，有人則能一體多面地從他人觀點來思考問題。看見及考量到愈多的人，說出口的話往往愈具影響力。

第一位同事點出問題「飲水機不好用」，這是「點」的概念。

第二位同事提出路線「飲水機該換了」，這是「線」的概念。
第三位同事全面分析「各廠牌優缺點」，這是「面」的概念。
第四位同事換位思考「老闆能省則省」，這是「一體多面」的概念。
能夠站在目標對象的角度思考事情的人，最容易引起對方共鳴。因爲問題通常是一體多面的，站在自己角度看到的問題，跟別人往往不一樣，自然不容易面面俱到形成共識，達到想要的目的了。
要一頭牛聽話，不能彈琴給牠聽，而是要順著的毛摸。要一位老闆聽話，不能抱怨給他聽，而是要順著他的性子走。

換位思考力

聰明的思考者與怠惰的思考者最大的不同，正是思考習慣的不同。聰明者願意試著站在他人的視角來思考問題，而怠惰者永遠只站在自己的視角來質疑問題。

由於每一個人都是獨立的個體，一定都有各自的過去及習慣，也會有不同的立場及見解。所謂的換位思考力，就是能夠從他人的角度來分析問題，跳脫原先僵化的無謂堅持，並試著從中找到可能有用的資訊，進而加以運用來解決問題。

換位思考力能運用在各個地方，從人際關係的建立、談判策略的擬定、企業組織的管理、目標顧客的行銷，只要是想成事者，都一定需要換位思考的能力，如此才能培養良好的人際關係，精準的談判策略，有效率的管理及行銷。

企業家亨利．福特（Henry Ford）曾說：「**成功的祕訣，在於把自己的腳放入他人的鞋子裡，進而用他人的角度來考慮事物。**」

在面對問題時，別急著只從自己的角度下定論，試著讓自己能夠進入他人的角色中，掌握到他人思考及行為脈絡，或許過去處理不了的問題，就有機會能迎刃而解。

V. 問題
啓迪人心發人深思的，不是答案，而是問題

「賣魚的李老闆，如果想在營業時間內賣掉所有魚，他平均每一分鐘要賣掉六條魚。然而就在他賣掉一半魚時，平均每一分鐘只賣了三條。如果他仍希望能夠在營業時間內賣掉所有魚，剩下一半的魚平均每一分鐘得賣掉幾條魚？你的答案是什麼？」

這是前陣子在學校與同學們分享的問題，並讓每一位參與者都能夠獨立作答，而最常得到的一個答案是——九條魚！因爲若前半段的銷售速度較慢，想達到原目標，後半段自然就要補上落後的銷售進度，這是一個平均值的概念。

這樣對嗎？

那麼如果我們對於題目的基本設定不變，只將最後的問法改為：

他還有可能在營業時間內賣掉所有魚嗎？你的答案是什麼？

得到什麼答案，取決於如何問問題

這樣的題目，當我們以第一種方式來提問時，不少人都會直覺的認為，這是一個平均數的概念，而給出「九條魚」這個最常見的答案！然而如果我們一開始就採用第二種方式來提問時，不少受訪者就會開始試著去思考，這題目有解嗎？

事實上，當賣魚的李老闆花多一倍的時間來賣半數魚時，就已經用盡當天所有的營業時間了，除非他延長營業時間，否則他根本不可能達成原先的目標。一樣的題目，當我們以不同的方式來提問時，人們想到的答案往往就容易被引導到不同的方向去。

若去觀察市場上生意好與壞的魚攤，生意好的老闆通常說：「來！這位客人，要白鯧還黃魚，早上進的正新鮮，一次拿三條算便宜。」生意差的老闆通常說：「來！這位客人，要不要買魚呢？歡迎隨便看看喔！」

這兩種問法的差別是，第一種問法引導客人思考該買什麼魚，買多少？第二種問法，卻將客人先帶到該不該買的思緒中了，生意自然有差。加拿大企業家博恩．崔西（Brian Tracy）亦曾說：「**市場銷售中最重要的一個字，就是『問』。**」

問題啓迪人心，也能設計人心

人們的思維具有方向性，容易順著問題脈絡主觀去思考問題，也常受到過去經驗及習慣的影響，多數人都是遇到問題的當下，才開始針對問題順著思考，因此腦袋就存在著很大的空間，是能夠被問題所暗示及誘導的。

法國劇作家尤內斯庫（Eugene Ionesco）曾說：「**啓迪人心發人深思的，不是答案，而是問題。**」

一位良師益友，往往擅於用問題幫助人們思考，哈佛商學院所採用的個案式教學，就是採用一種完全開放式的問題模式，提供給所有的學生自由思考，並開放所有人去發表完全不同方向的意見，以激盪出更多的靈感及啓發。

有趣的是，不只是良師益友擅於引導問題，聰明的商人、有心人士或談判對象也經常設計問題，以作爲達到目的的思想工具，只要能夠擅用多元問題來引導對方思路，打探對方意向，甚至挖好陷阱等著對方上鉤，就能在對方腦袋還沒轉正前，先行達到自己的目的。

學會設計問題的脈絡，看懂別人問題的背後，是門必修的學問。

問題思考與質問力

人類的經濟文明演化可概分爲四個階段：農業經濟、工業經濟、知識經濟、網路經濟。在農業及工業時代，只要肯努力按照社會期望過活，就有機會買房、生小孩安穩過一生。

然而過去這種跟著大衆走的安全時代已經結束了，到了知識及網路經濟的時代，已經不再有標準答案，每個人都應學會投石問路的能力。如今的世界變化迅速，懂得質疑問題本質，才能夠獨立思考、調整觀念，並提出因應當前情勢最合適的作法。

學會問題思考的能力，並經常試著提出質問，自問對問題是否已經徹底理解，不了解就問。不要依賴單一資訊，不要輕易接受他人的意見或看法，要親自動身，直到自己理解問題爲止，掌握問題本質，才能夠找到解決方法。

一個好的問題思考力有時就像挖礦探勘，要挖的夠深才能有所收穫，一個好的問題思考力有時又像旅遊觀光，一些好的發現及收穫往往在不經意中。

發明家查爾斯．凱特靈（Charles Franklin Kettering）曾說：「**能清楚的陳述問題，就解決了問題的**一半。」

懂得思考問題及質問力，雖然不會讓問題變少，但將從此不再難解。

VI. 風險

作一個能夠同時掌握風險及效率的平衡者

「在一個國外的郊區林間大道上，沒有速限，但建議速度是八十，沒什麼其他車，可以很輕易的飆到一百二十以上，在這種情況下，你會選擇開多快？四十、八十還是一百二十？」

「真衰，這次出國玩賠了三十幾萬……。」一位到國外自助旅行的朋友跟我們訴苦。

「賠了三十幾萬？你是幹了什麼好事？」我們問。

「撞到鹿！」

「撞到鹿？什麼鬼？」

原來，他為了好好的體驗旅行，換了國際駕照租了臺車子，享受在異國的郊區奔馳的快感，因為車少路又大條，於是他飆超過一百二十，結果在一個行車瞬間，忽然從旁邊的林間鑽出一頭鹿，車速過快煞車不及，就這樣迎面撞上了。車頭及擋風玻璃全毀，自己受了傷，還折損了一頭鹿的生命……。

由於心存僥倖，保險買的不高，因此修車、賠償、醫藥費等，就燒了三十幾萬，加上撞到鹿的那一瞬間太驚恐，暫時都不敢再開快車了。

這樣的一個經驗，卻也不一定全然毫無壞處，因為從此之後，他開始懂得正視風險評估的重要性，該買的保險要買，該減速的地方會減速。

小事無原則，大事也不會有

你有沒有過這樣的經驗，明明自己是直行車，但有時候旁邊的巷子裡就是會有其他的車子，既不暫停又不減速的直接衝了出來。

若仔細觀察，通常有這種危險駕駛習慣的人，作事不可能太成功。他們認為自己帥氣的行車，絕不會那麼剛好有其他車輛撞上來，就算有，其他車輛也應該會剎車讓自己。這就是一種心存僥倖的思考習慣，也反應了一個人面對風險的價值觀。

就算發生嚴重事故的機率只有微乎其微，然而多闖個幾次總是會碰上，無論機率再小，任何壞事總有可能會在最糟的情況下發生。這種假設自己應該不會那麼衰的人，也是最不値得結交的朋友，因爲他們隨時有可能大禍臨頭。

巴菲特曾說：「**如果在小事上沒有原則，那麼在大事上也一樣會沒原則。**」有時候一個人的價値觀，從這些小地方就可見一斑。夜路走多了，總是會撞到鬼，快路走多了，總是會撞到鹿啊！

反而，堅守一些習慣及原則，習慣先確認路況的人，不進行無謂的冒險，總是將可能的風險都考慮進去，在行事態度上通常也會較謹愼，也不容易闖禍，這樣的朋友即値得結交。

「安全是回家唯一的路。」這句宣導金句，是所有用路人都一定聽過，但卻不小心就會忽略的眞理。無論作什麼事，都一定要先習慣將風險考慮進去，當風險能夠被適當評估及承受的時候，才再想辦法提升效率的部分。

「**與其去殺死毒龍，不如去避開毒龍。**」巴菲特說。

風險思考

回到了一開始的問題，那麼在這個故事的林間大道上，我們要開多快？如果根據安全第一的考量，或許應該開個四十就好，對嗎？

實則不然，過度穩健的人，通常因爲太過小心，也鮮少能夠有什麼開創性的收穫，面對一些機會，容易處於較消極被動的狀態，也因此，在大部分的情況下又會顯得太沒效率。

FB創辦人祖克柏（Mark Elliot Zuckerberg）曾說：「**在一個快速變遷的世界裡，確定會失敗的唯一策略就是不冒險。**」

所謂的不冒險，就是爲了安全起見，去追求所謂的「零風險」，然而風險及報酬率往往是相對的，想要高報酬就會有高風險，反之，零風險的前提下，就是報酬也幾乎趨近於零了。

事實上，高風險或零風險可能都不是好事。高風險代表的是一種賭博，零風險代表的可能是一種低效率。所以最傑出的投資者，通常都不會是高風險的追求者，更不可能是零風險的追求者，而是能夠同時掌握風險及效率的平衡者。

面對最初的車速問題，我認爲最好的選擇，是以建議的最適速度八十來行駛，同時兼顧到突發狀況的風險反應時間，以及車子行進的效率。

架設大橋時，如果你打算讓一百臺車能同時在上面行駛，那麼橋的載重量，最少要抓二百臺車以上。如果這條林間大道，你預估面對突發狀況的速度極限是一百二，那麼你最好只開八十，但也不用慢到只剩四十。

適當的風險不是壞事，得學會與之共處。

VII. 利益
試著作角色扮演，拆解各角色的立場及利益

「一家A公司要被B公司合併了，因此A公司提供了一份同意書給所有基層員工簽名，選擇留或不留，並註明如果留任要接受不平等待遇，未來待遇福利要大打折。另一方面A公司的高層卻「口頭」慰留並承諾，會在其他地方盡量爭取福利，你該相信嗎？」

這是在一個偶然的機會下，聽到一位朋友分享他準備要離職的心情。他原先在一間A公司擔任基層工作，由於A公司經營不善，長年無法穩定獲利，因此準備要被B公司收購了。

爲了合併作準備，公司設計了調查表，要調查A公司裡每一位員工的工作意

向，並註明如果選擇留任，未來近幾年內，都不會有年終及三節獎金，且即使是同一職位，被合併的A公司員工，待遇及福利都會比B公司差很多，並要求每一位員工簽名後，勾選要選擇留下還離開。

然而如果選擇離開，等於公司要以資遣的方式處理，一來有不少的資遣費，二來如果大量資遣也恐影響公司商譽，或是牽扯到相關的法令。

因此，A公司的高層便積極的遊說基層員工，希望他們先簽下那份「不平等條約」留任，以免影響到整個併購案的「數據」。並「口頭」承諾，雖然未來沒有三節及年終，但會想辦法再從其他地方幫忙爭取福利。

該留不該留？

試著作角色扮演，拆解各角色立場及利益

這位朋友覺得這一切太不公平了，因爲自己是被合併方的員工，未來就得接受同工不同酬，變成三等公民，承受不平等待遇。太荒謬了！那些高層不可能那

麼沒有智慧吧？或許，未來這些高層會實現承諾，將他們的待遇要回來呢？是嗎？

像這樣的案例，我們可以先試著「角色扮演」，思考究竟每一個位置及角色，他們腦袋中所想的，以及他們所面對的「利益關係」是什麼？

A公司的基層：「收購後變成三等公民，還同工不同酬，怎麼會有如此不公平又沒有智慧的事？我們的高層應該會爲我們爭取更好的條件吧。」

A公司的高層：「爲了能順利完成併購案，還要爭取到我們高層未來更好的位置及條件，所以用最經濟的方式精簡基層人事，就是我們的目標之一。」

B公司的基層：「我們明明是賺錢的公司，憑什麼你們被我們收購，還要享有靠我們賺來的利潤及福利，本來待遇就不該跟我們一樣，我們肯給你們工作，已經算很好了。」

B公司的高層：「收購的價格愈低愈好，收購後的人事成本愈低愈好，只要能掌握關鍵資源就好。」

合併案股東：「目標就是以最小代價取得經營權，至於對每一個人公不公平，眞的不是太重要，因爲企業經營就是要看數字及獲利。」

發現了嗎？

利益思考：每個人一定都是從自己的利益角度出發

這位原先覺得這一切都荒謬不合理的朋友，如果將其他角色的立場攤開來看就會發現，自己主張的公平性及合理性，可能是與其他角色的利益及立場相悖而行的。

A公司主管要求表現，以求未來的定位，B公司主管要求績效，以求用最小的代價收購；B公司的基層，認爲所謂的公平，就是不能傷害到自己的既得利益。

絕大部分的人，都一定是從自己的利益及角度來思考事情的，所以當面對到的問題，是有關於不同立場的利害關係人時，最好的思考習慣就是好好分析每一個人的立場及利益，不要隨便去相信任何沒有白紙黑字的承諾，這就是一種利益思考。

經濟學家亞當．史密斯（Adam Smith）曾說：**「每個人都不斷努力為自己所能支配的資本找到最有利的用途，當然，他們所考慮的是自身的利益。」**又說：**「我們不能藉著肉販、啤酒商或麵包師的善行而獲得晚餐，而是源於他們對自身利益的看重。」**

所以我的建議是，如果你有能力可以找到另一份條件更好的工作，此處不留爺，自有留爺處；然而如果選擇留下了，就別再去幻想那些「口頭」的承諾會實現，也別去幻想「未來」會變公平。

因為那個「未來」不會來，資源擁有者和既得利益者，不會想跟你玩平等的遊戲。事實上，一百個人的心中，可能就有一百種不同的公平。唯有培養出自己一定的本事及資源，成為利益的創造者，擁有的選擇權才會更大。

透過角色的扮演及利益的評估，往往就能找到答案。

VIII. 大局

想大展身手，得看清大局，見樹又見林

「有一位在大公司任職的朋友，頭腦好、學歷好、績效好、執行力又強，很快就爬上了小主管的位置，因爲他是組織中最有效率的人，因此他認爲同事應該要盡可能依他的節奏來作事，然而這樣的心態，卻反而讓他不再升遷了，爲什麼？」

「我的能力、執行力都是團隊中最強的，大家本來就應該配合我。」這是他經常掛在嘴邊的口頭禪，他認爲職場就是應該要以能力掛帥，讓有能力的人全力發揮所長，能力一般的人得全力去配合有能力的人，而不是把太多的資源放在沒有能力的人身上。

似乎有些道理？

然而老闆雖然願意給他較高的薪水，但公司及部門卻有不少的政策及福利，總是跟他背道而馳，就像是有層看不見的天花板一樣，當他的職位及薪水到了一個位階後，從此就升不上去了。

像這樣的案例還眞不少，在大大小小的公司、組織中都可能發生。

雖然他個人的績效一流，但是身邊的人總是跟不上他的腳步，即使成績斐然，他帶領的整個團隊卻是一般般，著實可惜。這樣的人，就是缺乏「局」的思維。

局的思維？

什麼是局的思維？

我們可以想像一個組織就像是一盤棋局，當中會有各個不同定位及能力的棋子，可概分爲：將、士、象、車、馬、炮、兵。

「將」通常就是組織中的老闆，而「士」則像是老闆身邊能力不一定很強，但總是形影不離的親信。「象」跟「馬」可能是能力不錯的骨幹型人才，「炮」類似於擁有跳躍型思考力的創意型人才。「兵」則是隨時可被取代的人手。

而在我第一次接觸棋局時，最大的感想就是「車」好強啊，只要有空間，「車」能夠直取對方陣營的任何一顆棋子，所以「車」可以說是組織中能力最強的一個明星人物。

但就是因爲他太強，所以不少人最初接觸棋局時，很容易過度顧慮他。總是想著，我要如何使用「車」攻下對方陣營，我要如何保護「車」不被對方吃掉。結果爲了配合「車」能夠多多發揮，只專注在「車」的視角上，最後反而顧此失彼，壓制住了其他棋子的舞臺及可能性，也因此想贏下棋局根本難之又難。

然而想要下贏一盤棋局，首先你要保住自己的「將」，然後攻下對方的「帥」，而這整個過程，「將、士、象、車、馬、炮、兵」的使用無一不是關鍵，如果只想著讓單一棋子發光發熱，最終根本不可能拿下棋局。

佛洛伊德（Sigmund Freud）說：「**人生如棋，一步錯全盤皆輸，而且人生還不如一盤奕，不能重來，也不能悔棋。**」

所以說，這位個人能力不錯的朋友，就像是那顆贏不了棋局的「車」。個人能力很強，但對於整個組織而言卻幫助有限。如果沒辦法顧全大局，那最終仍然會輸掉整盤棋。

如果你有幸是顆能力很強的「車」，那請你不能只想著要建立不朽戰功，要殺到敵營取敵將首級。反而你要懂得利用自己的影響力去幫助其他棋子，讓「炮」有機會出奇不意的狙擊，讓「馬」及「象」有機會從旁側擊，還同時要保護「將」免於危難之中。

培養大局思維

能夠在一個組織中大展身手的人，不一定是個人能力最強的人，但通常是擅於看清大局，見樹又見林的人。

就算你的能力像是「車」，也別只用「車」的視角去看世界，要用整個「棋局」的角度去看世界；因爲就算是能力高強的「車」，如果只懂得單兵作戰，最後的影響力，其實跟一支「兵」差不多。有「車」的能力很好，但要讓自己像個「將」，別讓自己像個「兵」。

所謂的大局思維，就是能夠「鳥瞰」，看見局的全貌，而不單單只著重在局部，爲了能提升自己的思維及決策能力，培養大局思維就顯得頗爲重要。

一樣的一件事、一個局，在有大局思維的人，與沒有大局思維的人眼中是全然不同的。常聽人用「格局大」來形容一個人的視野廣闊、見識不凡，而所謂格局大的人，正是能夠看見他人所看不見的景觀，預測他人看不見的未來，比起追求局部的勝利，更講究控管大局勝算的人。

PART 4
行動力

說書：表達能力　　寫書：架構能力

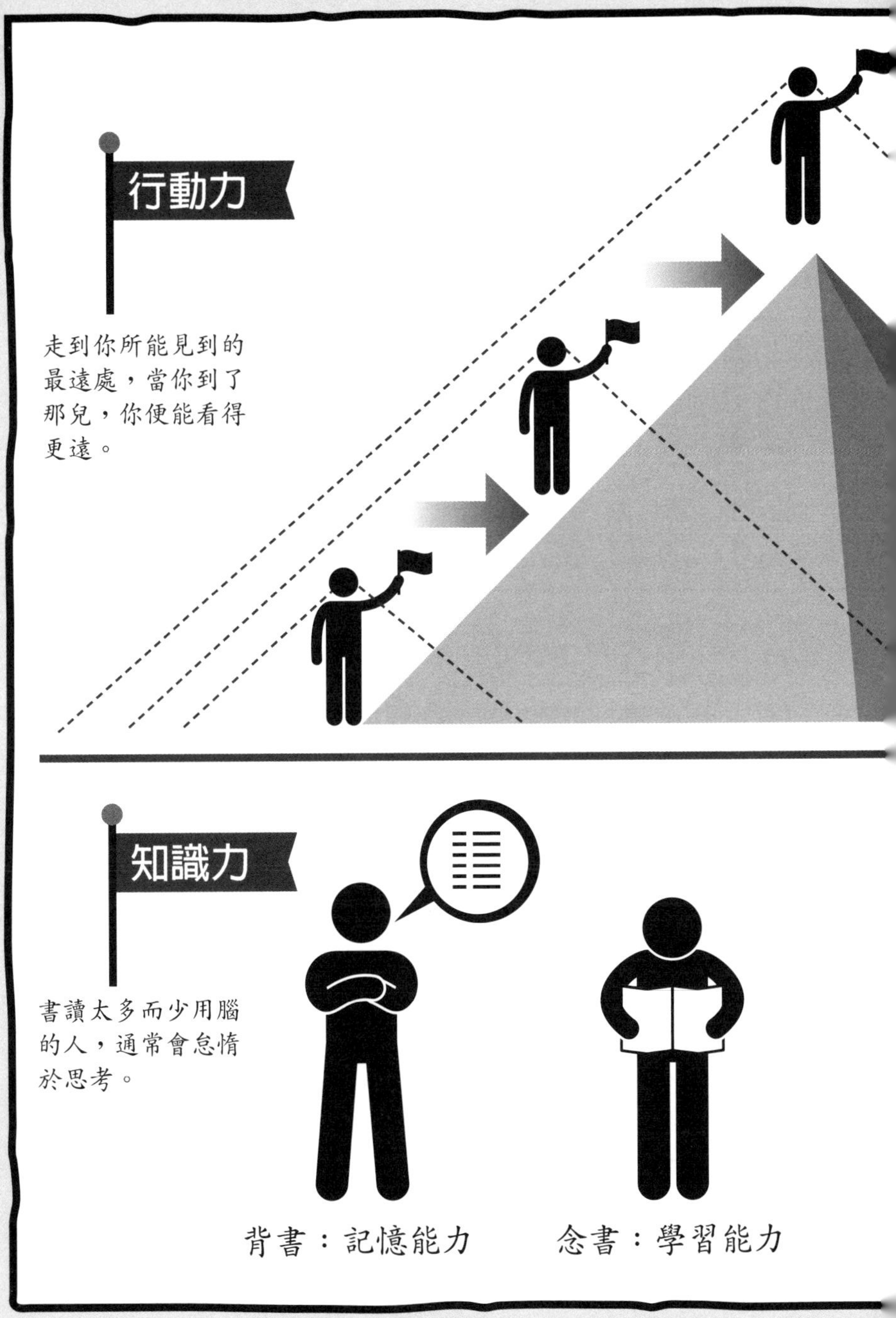
行動力
走到你所能見到的最遠處，當你到了那兒，你便能看得更遠。
知識力
書讀太多而少用腦的人，通常會怠惰於思考。
背書：記憶能力
念書：學習能力

I. 行動
走到你所能見到的最遠處，你便能看得更遠

曾經在某場演講中分享一些書中的主題，在最後的Q&A時間，一位臺下的朋友問了我一個問題：「爲什麼我能夠有『行動力』，有規律的在專欄上固定發表文章，甚至能出書？」這位朋友也很愛寫作，卻總是難以持之以恆，有固定的產出，想得永遠比做得更多。

這個問題我過去沒想過，不過當下最直覺的回覆是：「因爲我有專欄，所以就有了固定交稿的需求，後來又有了書約，所以又有了更多固定交稿的必要。」聽起來，我的行動力從某些角度來看，其實頗爲被動？然而事實上行動力的本質，正是「主動」及「被動」兩個力量交織而成。

於是又有人問：「既然要有專欄或書約，才能帶來更多動力，那麼他們本身就沒有這些資源，又該如何？」

自己想辦法去要啊！

我最初所有的專欄及機會，都不是自己找上門的，因爲我不是什麼名人，根本不會有人主動邀我寫專欄、出書。反之，最早的所有機會，都是我自己毛遂自薦，不停的投稿，自己準備好出版企劃交給編輯，不停主動提案，直到被認可後才得到了這些「被動」行動力。

先有雞還是先有蛋？一直是一個千古難解之題，有時候行動力也是這樣，究竟是要先有一些成就感才能有所行動力，還是要先有行動力，才有機會掌握到一些成就感？

走到你所能見到的最遠處，當你到了那兒，你便能看得更遠

行動力的本質是一種主動性、被動性、習慣性、動機性及目標性，換言之你要先有明確的目標，這個目標得有些挑戰性，但又可被衡量及達到。

剛開始決定用寫作來爲自己工作加分時，首先設定的第一個目標，是成爲

「專欄作家」，擁有了專欄後設定的下一個目標，是「專欄文章破百」，當專欄文章快破百時的下一個目標就是「出書」，就像是站牌一樣，要一站一站的抵達。

當時我一共有四個專欄，平均每個月至少要產出五篇文章以上，這樣的量，一開始很擔心會靈感枯竭、江郎才盡，然而當眞的投入後發現，寫作也是有規模經濟的，會愈寫愈有效率，愈寫腦袋中的想法愈多。之後專欄文章數破百後，因爲文章的累積，有了出書的機會，並成功的在一年內完成了三本書的出版。

行動力有一個很重要的關鍵，就是要先把子彈打出去；行動力有時候是一種習慣，得先開始啓動，並試著走到下一個站牌。等有了一點成績及成就感後，才能更有動力的往前走。

金融家摩根（John Pierpont Morgan）曾說：「**走到你所能見到的最遠處，當你到了那兒，便能看得更遠。**」大部分的事情都是如此，我們無法在原點看見路上會有什麼風景，就看不見終點會是什麼樣子，但是只要一直往前走，能看見的景色就會愈多，思考及視野就會更廣。

如果等到好好的思索完自己的人生目標是什麼，這個人可能終將一事無成。唯有不停的往前走，才知道前面有什麼；要進入行動，就得先走出第一步，才會產生行動力，否則看見的景觀永遠只有起點的樣貌。

行動力：先動起來吧

曾經有位朋友一直很想當旅遊方面的部落客，希望能有機會賺到一些業配或知名度，但都還沒眞正開始，就開始擔心成功後的事情。擔心會不會作白工賺不到錢，擔心會不會人紅是非多，擔心會不會被網友酸言酸語，擔心會不會影響到正職工作，標準的想法很多，做的卻很少。

教育家勞倫斯．彼德（Laurence J.Peter）說：「**失敗者有兩種：一種是光想不做的人，另一種是光做不想的人。**」或許一開始做出來的東西沒辦法太好，但只有先想辦法作出一些爛東西，才有機會思考，如何做出好東西。

eBay的創辦人歐米迪亞（Pierre Omidyar）曾說：「**無論你想打造什麼樣的未來，記得不要計劃一切。當初，蘇聯的五年計畫從來沒有成功過。事實上，所謂的核心計畫，往往正是失敗的主因，它對任何人都沒有好處。**」大部分的事情，最後發生的結果通常與最初設定的目標會有一定的落差，這很正常。在完成目標的過程中，一定得有些妥協及不停的修正。了解自己什麼做得到，哪些或許可以適當的放棄。

行動力需要內在的主動力，也需要一些外在的被動力，更需要一些目標及方向，有了概略的方向後，才知道自己要往哪裡走。先動起來吧！唯有如此，才能知道我們到底能做些什麼！

II. 知識

背自己的書、讀自己的書、說自己的書、寫自己的書

前陣子在一家百貨公司的地下美食街餐廳，一位媽媽不顧旁人的目光，在衆人面前就大聲碎念起自己念國中的小孩。

「你如果不好好讀書，以後會『撿角（臺語，沒出息之意）！』」

「不要花那麼多時間在課外活動上，那無助於你的課業！」

「我是爲你好，不然你將來就只能在餐廳端盤子！」

呃……在餐廳吃飯，還拿餐廳的情境來教訓小孩，這位媽媽可眞會機會教育。像這樣的家長還眞不少，他們總認爲學校成績就等於孩子未來成就的高低。

然而早已有許多故事告訴我們，小時候成績好和長大有沒有出息沒有絕對的關係，一來在職場上多數用不到課本知識，二來人際關係及解決事情的能力在職場上相對更重要，會讀書只代表了其中一項能力而已。

事實上青少年時期，我就是一個完全讀不好教科書的小孩，國中念的是放牛班，而一路的求學過程中，就曾面臨過「重考、死當、延畢、肄業」，可以說，身爲一個學生，所有在學業上最糟糕的處境，我可能都經歷過了。

即使如此，我最終在學經歷上呈現出來的結果還算不錯，而且還是一個靠知識經濟在賺錢的職場工作者。有趣的是，不單單是我，不少小時候讀不好書的孩子，長大後卻能成爲老師、作家、顧問等需要運用到大量知識的職場角色，爲什麼？

背書、念書、說書、寫書

我認爲最大的原因在於，書本及知識的運用，絕非像我們學生時代著重的成績一樣，單單建立在分數的高低上，而是包含許多不同的途徑及呈現方式。每一種方式所需要的能力也不盡相同，我將之概分爲「背書、念書、說書、寫書」。

1、背書：記憶能力

背書是一種記憶能力，也是一種類似加法的能力，大部分在國高中以前的學業，能拿到高分的孩子通常靠的都是這項能力，懂得如何把別人的東西及標準答案複製後貼上，是一種相對被動的知識能力。

2、念書：學習能力

念書是一種學習能力，也是一種類似減法的能力，開始懂得知識的取捨，並在吸收後內化的能力。常聽人說閱讀能增進一個人的競爭力，講的並不是指「背書」而是「念書」，這是一種對知識產生興趣或需求後，相對主動的知識探索力。

3、說書：表達能力

說書是一種表達能力，也是一種類似乘法的能力，如何將書本的知識內化轉成自己的語言，加上自己的故事後，再傳達給其他人，讓自己的所思所想，能快速地傳遞給別人，也是舞臺魅力的一種。

4、寫書：架構能力

寫書是一種架構能力，也是一種類似除法的能力，如何將腦袋中所學、所知、所思、所想，以有邏輯、架構的方式，去蕪存菁後，用清晰明瞭的文字呈現出來，這屬於一種知識創作力，只要是知識工作者，都很重視文字的架構力。

找到自己的知識經濟力

愛因斯坦曾說：「**書讀太多而少用腦的人，通常會怠惰於思考。**」這就是陷入了只會背書的習慣中。

小時候大人眼中很會讀書的好學生，其實就是「背書」背得好的人，當然，如果你的「背書」能力很強，還能樂在其中的話，那麼利用這項能力，選擇一條用「考試」決勝負的路線是不錯的，否則我們仍然有許多其他選擇，不用被這單一標準所侷限。

小時候課業成績不好，真的不代表未來就不能成爲知識型工作者。因爲拋開考試，大部分職場上最有用的知識運用能力，其實是「讀書」、「說書」及「寫書」的能力。讀書人擅學習、說書人擅表達、寫書人擅架構，透過這些知識經濟的運用及轉化，才得以淬鍊出自己的獨特競爭力。

背書、念書、說書、寫書這四種能力，可能互有相關，卻也可能獨立呈現，會背書不等於會念書，會說書也不代表能寫書。但試著去弄懂自己這四項天賦能力的消長，將有助於職涯的選擇，也有助於自我探索及創作。

管裡大師大前研一（Kenichi Ohmae）曾說：「**最要不得的事情，就是去活他人的人生。**」

要當一個知識經濟的神偷，首先你要先了解自己的知識天賦，每個人對於書本的知識天賦不同，適合他人的作法不一定適合自己，請背自己的書、讀自己的書、說自己的書、寫自己的書！

III.

偷師
變強最快的方法，就是跟比自己強的人學習

讓自己進步最快的方式是什麼？很簡單，與強者爲伍，想辦法從強者身上學到本事，培養自己的「偷師力」。

每個人都有自己的人際關係圈，兒時的玩伴、學生時期的同學到出社會後的同事，而主要的人際關係圈爲何，往往就能看出一個人的大概水平。於是有一個理論是這麼說的，找出五個最要好的朋友，而他們五個人加總後的平均收入，會有一定程度的反應我們的收入水平。

傳奇鼓手奎斯特拉夫（Questlove）說：「**我只與值得效法的人們往來。**」美國政治人物拉米斯（Cynthia Marie Lummis Wiederspahn）說：「**找出現場最優秀的人才，如果不是自己，就站在他身旁和他交流切磋，並適時主動幫忙。**」請與有能力的人爲伍，了解他們的思維，習慣及行動方針。

然而無奈的是，很多時候自己身邊圍繞的是哪些人，往往決定於一個人的出生環境。因為家裡有錢，所以他們擁有比他人更多的資源，也得到比他人更多的機會。不可否認的，「落土命」眞的很重要，甚至決定了我們一生很大一部分的走向。

我們都無法去選擇自己的出生家庭。畢竟如何投胎這種事，沒有任何一本書有寫，也沒有任何一位老師能教，我們都只能想辦法在現有的資源下，努力去找到自己能掌握的優勢。

即使如此，仍然有不少沒關係、沒資源、沒有富爸爸的人，還是能靠自己打出一片天。這讓我想起了一款頗具歷史的電腦遊戲《太閤立志傳》。

《太閤立志傳》的技能學習思維

《太閤立志傳》是一款不少六七年級生都玩過的電腦遊戲，以日本戰國時代的名人豐臣秀吉為主角。他從一介幫人提鞋的草民，透過逐步的自我成長、發展人際關係、仕官升官，開始飛黃騰達，一直到最後統治全日本，成爲太閤的勵志遊戲。

遊戲中的成就並不一定只靠戰功，有時候是來自於成功的經商、耕作、招募人才、修補城牆、自我技能的提升等等。每一個角色都有諸如「統率、武力、政務、智謀、魅力」等數值的高低，來決定這個角色天生的大致樣貌。

除了這些天賦數值外，更重要的是靠後天習得的各項「技能」，如足輕（步兵）、騎馬、鐵炮、水軍、弓術、武藝、軍學、忍術、建築、開墾、礦山，算術、禮法、辯才、茶道、醫術等等。

而想要在該領域出人頭地，就需要有對應的技能等級，習得技能的方法。除了到專屬的武館、茶館、醫館學習外，大多數的技能，都只能找技能等級比你優秀的人學習。

於是遊戲的主人翁爲了讓自己更強，必須努力去拜訪及結交擁有各項技能的朋友，當你還不夠有名有力時，經常會吃上閉門羹，於是就只能先從自己結交得起的朋友開始，再隨著名聲及技能的成長，接觸愈來愈強的名宿（有名望的人）。

與比自己強的人爲伍

這款遊戲相當能反應眞實的情況，先不論含著金湯匙出生的人，大部分能夠從零到有獲得一些成就的人，他們都很願意與比自己厲害的人爲伍及學習，並逐步提升自己的能力，也逐步提升自己能結交的人。

喜劇演員威爾．羅傑（Will Rogers）曾說：「**學習只有兩種途徑，一個是閱讀，另一個是與更聰明的人爲伍。**」

矽谷創投公司Y Combinator掌門人山姆．奧特曼說（Sam Altman）說：「**不論你的選擇爲何，與他人建立聯繫，確保身邊被聰明人圍繞。**」

然而比我們厲害的人，當然也只想與更厲害的人爲伍，那怎麼辦？

鮮少人能夠十項全能，而和比自己強的人結交的一個前提，就是你不能十項都不如人，也就是說，你至少也要有一些值得他人參考學習的地方。也許是演講、寫作、語言、廚藝、設計、工程等，只要你有些長處值得借鏡，聰明的人都不會吝於跟你討教。

讓技能成長的關鍵，就是別花太多時間在一個十項都不如你的人身上，同時也別肖想去結交一個十項都比你強的人。前者只能帶給你優越感，無助你成長，後者不會想花太多時間在你身上。

變強最快的方法，就是跟比自己強的人學習，而這張入場券，首先你得先有值得讓人借鏡的一技之長，才得以建立自己的「偷師力」。

IV.

偷懶
光忙是不夠的，我們必須自問，我們在忙什麼？

曾在大學時期，某一堂不分系的選修課上，老師給了一份分組報告，要同學們找到一家品牌企業，並試著結合管理理論作討論，期中時階段性的報告一次，並由老師給出評語及建議後，期末再報告一次。

記得當時有一位同學，展現出無與倫比的積極度，他自己跑到圖書館找了不少的資料，還一本一本搬回來，讓同學們可以立刻投入報告的討論。

選定題目後，很快的分配任務，大家回去著手蒐集及整理資料，爲了能夠把報告作的更好，他還邀約組員一起到該題目的公司參訪，帶回不少的文宣資料。

當下我及部分同學隱隱約約覺得，只是一份報告，似乎不必這麼麻煩，應該還有更聰明的方法能夠完成。但這位同學如此的積極投入，似乎也不太好潑冷水，於是能配合就盡量配合。

或許是資料太多，拼湊感太強又不聚焦，期中報告的整體表現並不理想，老師給予的評價並不太高，但要PASS應該不成問題。

然而對於這位全心投入的同學而言，這是一個難以接受的結果，於是他毅然的主張：「這家公司不太適合，我們換題目！」

是的，爲了能讓報告拿到高分，他堅持應該砍掉重練，也願意一肩扛起最麻煩的蒐集及整理資料部分。

對於其他同學而言，他們認爲根本沒有必要搞成這樣，對這位同學的堅持及勤奮實在感到頭痛，但又不知如何開口阻止，還是勉爲其難的又配合了一次。

結果到了期末報告時，這位勤奮的同學一樣又弄了滿坑滿谷的資料，PPT整整做了上百頁，問題是，一樣沒有重點，也沒有提出老師想要的部分，老師最終給出的評語及評分，比起期中更差。

「忙」就容易「盲」

如果是你的同學如此，你會忍心苛責嗎？這位同學比任何其他組員都努力，問題是，這樣的作事方式，不但最終成果不彰，其他組員還爲了呼應他的勤奮，被迫浪費了大量的精神及時間，他的「忙」在他人眼中看起來其實更像是「盲」。

我那時認爲這位同學眞是奇葩，有趣的是，出了社會進入職場後，才發現這樣的人可能還眞不少。

他們經常花大量的時間，努力的讓自己很忙，明明只要三兩句就可以說完的事情，他們非要召集同仁一起開會討論。

有時候明明一通電話就能交代清楚的事情，他們非要跟你約時間見面，找一家咖啡廳好好的深談，但深談的內容仍舊是一通電話的事情。

明明只是A到B就能解決的問題，他們非要先繞到C與D後，再以沒效率的方式繞回B。

無論大大小小的事情，這種人總是很習慣的營造出自己很忙的氛圍，將自己塑造成大忙人的形象，還一定要拉身邊所有人一起陪葬。事實上，這種人的這些行為，根本就只是在浪費他人生命，更別說真正能完成的正事不多。

與其當個庸庸碌碌的忙人，不如當個事半功倍的懶人

二次大戰時德國陸軍元帥曼施坦因（Erich von Manstein），曾經以愚蠢與聰明，勤勞與懶惰為界，將組織中的人員分成了四種類型。

而曼施坦因認為，聰明又懶惰的人，最適合當主帥，因為他們懂得用最有效率的方法來領導管理，而聰明又勤勞的人，則是最佳的副手及執行人。

那麼哪種類型的人最麻煩？有趣的是，最該警戒的，並不是愚蠢又懶惰的人，因為他們根本不會對組織產生什麼太大影響。最讓人害怕的，反而是愚蠢又勤勞的人，因為他們總是製造出一堆無用的工作，還一定要拉大家一起陪葬，耗

損掉整個組織的精力及效率。

梭羅（Henry Thoreau）曾說：「**光忙是不夠的，螞蟻也很忙。我們必須自問，我們在忙什麼？**」忙什麼，比起忙不忙重要多了，別忙錯了方向，與其當個庸庸碌碌的「忙人」，不如當個事半功倍的「閒人」。

其實所有作事有效率的人，都很懂得「偷懶力」的重要性，所謂的偷懶力，不是偷懶到一事無成，而是學會將力氣用在值得浪費的地方，又最簡單的方式完成任務，而不在沒有意義的事情上勤勞。

一個擁有創造力人，不但要擁有「複製力」，懂得去複製他人的創意來爲自己所用，更要有「偷懶力」，用最省力的方式，種出最大的碩果。

V. 異質

與其只學會現有能力，不如去適應異質化的未來世界

英文與作文，哪一個比較有用？

這個題目，如果拿到二十年前來問，答案可能比較一致，一定是英文比起作文更加實用。因爲英文好出路多，機會也好，無論是想要走向國際，或是在國內的外商發展，甚或是從事研究、教學工作，英文都是一項相當重要的競爭力。英文能力好，無論在薪資或是職位的升遷上，都有相當的加分效果。

反之，如果我們沒有要成爲一個作家，作文到底能幹嘛啊？

但回到現在再來重新思考這個問題，英文與作文，哪一個比較有用？此時，答案可能就沒有那麼絕對了，爲什麼？

隨著科技進步，看不懂、說不出英文者只要透過相關軟體，也能翻出七八成。加上英文教育的普及，現在的英文能力已經相對不再稀有，更像是通俗能力

的一種。

當然，如果我們其他的能力很強，好的英文能力會讓我們如虎添翼，然而如果只是單獨擁有英文能力，並不容易成爲個人的差異化競爭力。

反之，作文能力過去看似不重要，但隨著網路經濟的到來，比起面對面的對話，很多時候文字的對話更顯重要，無論是E-mail電子信箱、Facebook個人社群、LINE通訊軟體、PowerPoint簡報呈現，其實都與文字的運用息息相關。

作文能力並不是單單只侷限於作詩作曲，也沒有非得要到文藻詩情畫意，只要能清楚表達，說得出好故事就會很有競爭力。

同質力與異質力

英文與作文的本質上有何不同?

英文更像是一種「同質力」，每個人學習的內容及表達的方式較接近，也較容易打出分數的高低。作文則更像是一種「異質力」，每個人學習的內容及表達的方式天差地遠，可以是論文的學術寫作、可以是商業的書信往來、可以是社群的交流互動，也可以是媒體的新聞專欄。一百個人可能就有一百種寫作的呈現方式。

「同質力」比較像大家寫著同一份考卷，然後比出彼此分數的高低，相對能發揮自己特色的地方較少。「異質力」的考卷比較像一張白紙，相對能發揮自己特色的地方較多，得以各顯神通。

當然，英文仍然是相當重要的能力，只是隨著網路經濟的發展，作文的重要性有了飛躍性的成長。未來的世界，人工智慧能代勞的能力，會愈來愈不值錢。

英文可能需要環境，以及對該語言的邏輯力，而作文更需要的是想像力，能夠結合自己的興趣、故事、專業或專長。所以好的邏輯力，可以幫助我們解決不少現有問題，但好的想像力，能帶我們找到不少未來的契機。

邏輯力與想像力

愛因斯坦曾說：「**邏輯可以把你從A帶到B，想像力能帶你到任何地方。**」愛因斯坦是一個喜歡作白日夢的人，他充滿了想像力，腦子裡裝的都是一些亂七八糟的東西，但能有所成就，還必須能從這些亂七八糟的想像力中聚焦，不去受到固定框架的限制，找出一些規律及結論。

曾經聽過一個笑話，說愛因斯坦的腦袋，比一個從來不用腦的人還便宜，因爲一個從來不用腦的人，腦袋是近全新的，而他的腦子則是幾乎消耗殆盡了。然而如果我們的腦子很新都不用，只用來處理僵固的舊有框架，其實雖然腦子很新鮮，但能產出的東西卻是廉價的。

我從小喜歡看漫畫，小時候還幻想當過漫畫家，後來發現我沒有繪畫天分，就放棄了這個想法。不過不會畫沒有關係，現在的繪圖軟體愈來愈強大，後來我開始寫部落格時，就運用這些繪圖軟圖，幫自己的部落格加了些簡易的插圖。

這種透過軟體產出的插圖雖不能拿來賣錢，不過在寫作加繪圖的過程中，卻讓我得以激發更多的想像力，也讓我樂在其中，無形中強化了我的創意及生產力。

有人說，每一個孩子都是小小發明家，能夠在想像與現實間自由轉換，隨手拿了根樹枝，就可以變成一把寶劍，隨手拿了塊保麗龍，就可以變成一塊白吐司，隨手撿了片葉子，就能變出一把扇子。

有人說，當現在的孩子長大後準備進入職場時，其實有超過百分之五十的工作現在還沒出現。所以與其去死板的學會這個時代的現有能力，不如保留住想像力，維持好奇心及學習力，反而更能去適應異質化的未來世界。

VI.

成癮

「癮」要用來醞釀競爭力，而非剝奪競爭力

一次在某大學擔任專題老師，分享如何用訪談法作專題，其中一組同學選定的題目頗有趣，是探討「手遊成癮」的議題，而爲什麼會選擇這樣的題目呢？「因爲我們有一位組員是重症患者，所以特別有感。」同學們半開玩笑地說出了他們的研究動機。

然而這樣的題目對同學而言，無論是題綱還是訪談對象的設計，都不太容易聚焦，該怎麼辦？很簡單，我建議他們，如果題綱及受訪者設計不出來，不如就先從自己的組員訪談起。

首先，小組的四位同學，透過彼此的對話，先各別分享自己玩手遊的狀況，每天花多少時間在上面，以及其他如人際關係、戶外活動、課業表現等自我認知。

接著，我跟同學一起開始爲「成癮」作分級，每天玩不到二小時的算「無症狀」，四小時的算「輕症」，六小時的算「重症」，八小時的算「絕症」，而成癮最嚴重的那位同學，不但每天花超過八小時的時間在手遊上，還荒廢了學業去打工，只爲了支付每個月上萬元的手遊費用。

藉由他們對自己的評估，去正視自己的狀況及問題，也可以開始設計出題綱及受訪者，試著去探討每天投入在手遊的時間，對一個人其他表現的影響有多大；成癮愈嚴重的，在課業及人際關係的表現上通常較差，甚至到相當不健康的程度。

「癮」有時就是收穫力的來源

但是，「癮」一定是不好的嗎？我認爲那倒也未必。

有人說，要作自己有興趣的事，才能培養出獨特的競爭力，所以要能對某些事情「上癮」，我認爲一點也沒錯。

我自己從小到大，也是有不少的「癮」都是跟學業無關的。小學有集郵的癮，我可以花上大半天的時間，在整理及分類我所擁有的郵票，這培養了我鑑定品項及整理分類的習慣。

中學有收集球員卡的癮，還特地去買專門的書籍來看，不停研究每位球員的數據及漲跌趨勢，這培養了我觀察數字的習慣。

大學後熱衷於經營網拍，還特地上國外網站尋找商品，每天想著要如何去包裝及訂價，才能吸引買家願意用更高的價格下標，這培養了我從顧客角度思考的習慣。

一直以來我都有打電動及看漫畫的癮，這看似只是在玩，卻提供了我不少的收穫，一部好的作品，從角色安排、劇情鋪陳到美術設計，都是不少人反覆琢磨的結晶，只要能邊玩、邊學、邊思考，其實就能從中得到不少的啟發。

這一切都對我的寫作頗具幫助，寫作需要邏輯、整理、鋪陳，還要能從讀者角度思考，這些要素要透過刻意練習的方式去學，一定不簡單，然而過去學生時代的這些「癮」，卻是最渾然天成的資源，不用刻意練習就有了。

「癮」要用來醞釀競爭力，而非剝奪競爭力

所以，每天泡在自己有興趣的手遊世界裡，不是壞事嗎？不，事實上「癮」可以分成兩種，一種是良性的，一種是惡性的。

所謂的「良性」，就是指一個人對某一件事情的熱衷或癖好，如看書、看漫畫、追劇、打球、收藏品、吃美食等等。而這樣的癮，是有機會形成個人獨特競爭力的，比如愛書人成了作家或書評，愛球人成了球員或球評，愛美食的成了美食部落客等。

所謂的「惡性」，就是這個癮顯然無法提供什麼啓發，而且已經明顯產生負面的影響。且就算當事人自己清楚，卻擺脫不了，成了一種病態的癮，如酒癮、賭癮，或是像前述的同學一樣，爲了這個癮犧牲了其他更重要的事情，這樣的癮，或許就容易玩物喪志，變成剝奪一個人競爭力的惡性癮。

Google的創辦人賴利．佩吉（Larry Page）在大學時期，就是一個對電腦成癮的大學生，更重要的是，他總是能夠將這份熱情化爲行動力，最終成就了世界上最偉大搜尋引擎。賴利．佩吉曾說：**「如果在某一天的某一個時刻，你能爲自己的突發奇想感到欣喜若狂，請記住這一刻的美妙並抓住它，銘記每一個上天賦予你改造世界的機運。夢想不會消失，而會變成一種習慣。」**

「癮」眞的並非全然是壞事，但一定得學會分辨良性與惡性，「癮」要用來醞釀競爭力，而非剝奪競爭力。

VII. 群體

獨處時得到力量，還是群聚時得到力量

「每天叫醒我的不是鬧鐘，而是夢想。」
「成功的列車已經要開了，席位有限，快跟我們一起搭上成功的列車吧。」
「你想幫別人賺錢，還是幫自己賺錢？」
「機會是留給準備好的人，你準備好了嗎？」
「你想創造被動收入嗎？實現財富自由嗎？」

只要有參加過業務性質的激勵課程或講座，這些口號一定不陌生，希望透過這些活動，一來激勵團隊成員，二來吸引潛在的利基，三來希望能打造團隊的共識及文化。然而這樣的活動在不少人的眼中，更像是「洗腦」或「無腦」的儀式。

每個人難免都參加過一些類似的場子，而喜歡獨處臉皮又偏厚的我一向不太

捧場，也從來不曾被激勵或影響過，久而久之，類似的場合我就避免去參加了。

事實上，所有我產出最多的時刻，都一定是獨處時。無論是思考重要的事情，還是寫作，都必須是在獨處時才能有所作爲，而在人多的應酬場合，往往是我腦袋最不靈光的時候。

一位作業務的朋友曾好奇的問我：「像你們這種從來不被影響、不爲所動的人，是如何看待我們這些課程及活動的？」他認爲我們這種人，應該會對這類事情有些不以爲然，忍不住酸上幾句吧。

群體迷思與群體極化

其實不然，雖然我自己不愛，對我也不具吸引力，但我倒是認爲，這類型的活動及課程能夠歷久不衰，還有不少人追隨，必然有其效率性及商業價值。

就算我們不吃這套，還有別人吃這套啊！即使是在管理學課本上的學派，也分成了不同的門派。有的派別重規矩，有的派別重共識，有的派別重創意，有的派別重彈性。不同的派別就有不同的學問；追求創新的科技公司，就需多些彈性，追求產能的生產工廠，就需多些制度，追求嚴明的軍中部隊，就需要多些規矩。

根本沒有最好的組織模式，只有用得好不好、合不合用的問題而已。激勵課程說穿了，不過就是衆多門派的一種罷了，有其效率及適用性，當然也有其不足及限制性。

雖然不少的管理學總是強調要避免「群體迷思」，鼓勵每一個人都應該「獨立思考」，然而，沒有獨立思考習慣的人其實不少。所以想要快速的影響多數人時，鼓勵「獨立思考」是最慢的，「精神口號」則是最快。

當一群人的文化及價值觀愈來愈接近時，就會形成一種「群體迷思」，最後所有人的態度及意見會愈來愈趨一致，甚至往一個極端方向靠攏，這就叫「群體極化」。有趣的是，對於局外人而言，群體極化到了極致時，在外人眼中就像是意識型態的組織活動了，但對於這些要拚業績的群體而言，群體極化反而更方便管理及衝刺業績，也有助於形成一種強勢文化，供其他人模仿及追隨。

以營利爲目的業務公司不是傻子，爲什麼激勵型的演講及課程永遠不會消失？因爲好複製又有效率啊！

獨處時得到力量，還是群聚時得到力量？

如果你是一個善於在獨處時找到力量的人，那麼這類互相激勵打氣的活動，就眞的只是浪費精神及時間。但如果你獨處時是個沒動力的人，那麼仰賴群體活動得到些力量，也沒什麼不好，只要知道自己在作什麼就好。

卡夫卡（Franz Kafka）曾經說：「**我必須大量的獨處，我的成就都是基於孤獨的努力。**」

美國學術和教育之父韋伯斯特（Noah Webster）卻說：「**人們在一起可以做出單獨一個人所不能做出的事業。**」

這兩句話都沒錯，因爲有人習慣在獨處時得到力量，有人習慣在群聚時得到力量。

每一個人都應該學會獨處，與自己對話，每一個人也都應該學會群聚，與他人對話。這並不是二選一、非黑即白的的選項，而是選擇程度上的差異罷了。認識自己的本質，再去分配自己的時間及精神，想清楚究竟是要花更多的精神時間與他人交流，還是要花更多的精神時間與自己對話？

但記住，只要是個咖，通常都是自動自發，不需要被別人激勵的。如果一個人永遠只能站在臺下等著被激勵，就永遠不可能成為一個咖，最終該努力的只有兩件事：要嘛努力站到臺上去激勵他人，要嘛努力在獨處的世界中找到自己。

VIII. 設限

所有進步的動力，都是在有限的資源下產生

常聽人們說，想要有所創新，就要打破「框架」，不要讓自己的思想被「設限」，這樣的想法並沒有錯，然而有趣的是，有時候如果不懂得去適當「設限」，可能反而成不了事。

華人社會繼承觀念濃厚，不少的中小企業在第一代打拚出一片天後，往往是傳子不傳賢，甚至有不少的大學，還特別開班只專收「企二代」。跟其他人相比，企二代由於人脈及資源多，無論是要接班還是自己創業，都相對容易得多，所以有些朋友會調侃說：創業要成功，比起自己有能力，還不如老爸有能力。

偏偏我見過不少的企二代，在接班或創業後，反而將公司迅速地帶往頹勢，而他們的其中一項通病，也正是因爲老爸給的「資源太多」。

他們並非白手起家，一掌握家裡資源後，想請客就請客、想聘人就聘人、想

擺闊就擺闊、想投資就投資，對於企業的成本及收益反而缺少了敏感度。反正出了亂子，有什麼麻煩都有人會扛，他們只要顧著打點好自己的門面，讓自己像個成功的二代企業家就好。

所以經常可以聽到不少中小企業的二代，將上一代的江山給敗光，正是因爲他們沒有「資源有限、欲望無窮」的思維。

因此，不少聰明的老爸，都很清楚地知道要讓二代有出息，首先，你要先讓他們「資源有限」，他們才能學會「運用資源」。

所有進步的動力，都是在有限的資源下產生

記得小時候玩過不少好玩的電腦策略遊戲，而這些經典的好遊戲，通常主角都不是最強的，而是在資源相當有限的局勢下，想辦法找到突破口，找出自己的利基點。

因爲「資源」相當有限，在遊戲初期，要金錢沒金錢、要人才沒人才、要名望沒名望，因此爲了能夠順利破關，所有的資源都得謀定而後動：例如要攻打哪個城？要出動多少兵馬？要備妥多少糧草？或是要砸多少重金禮聘賢士？

正因爲遊戲的「資源有限」，才更能讓玩家入勝於遊戲世界中，投入心力腦力去思考，也得以激盪出想法及創意。

然而在遊戲「正常版」發行過一段時間後，通常遊戲公司就會發行所謂的「加強版」再賺一筆。

何謂加強版？

加強版中，錢不夠用，你可以在遊戲中調多；自己的能力太弱？你可以去遊戲中調強；好人才太難招募？你可以去遊戲中調低這些人的忠誠度，方便你來挖角。

換言之，這就是一個跳脫現實「資源有限」的假設，變成「資源無限」的版本。這樣的版本一來沒有挑戰性，二來也扼殺了不少的創意，從另一個角度來看，這就像是擁有過多資源的「企二代」。

想要有所作爲，資源得先受限

開一家咖啡廳，如果你只有一百萬，還得想辦法獲利時，每一項的裝潢、設備、人力的決策，勢必都得考慮再三，如此每一個決策都是精心之作。如果你根本沒有預算的限制，還不用考慮營利時，每一個決策都只會是隨意的揮霍之作。

想培養優秀的第二代，不是請大家不要給資源，而是資源一定要「受限」，讓他們感受到資源的有限，並能夠自負盈虧，了解到自己的能耐後，才能懂得資源的可貴，進而去運用它。

如果第二代很傑出，給了太多資源，有時反而是在扼殺他們更多的可能。如果第二代很混蛋，給了太多資源，只會像是在餵飽他們的物欲及鼓勵他們患上大頭症，增加其犯大錯的機會。

沒有足夠的時間、金錢、經驗，反而更能激發人們的想像力及潛力，資源有限會逼我們產生契機去思考，逼我們產生動力去行動，好好盤點現有的資源，在有限的條件下找出一個較好的方向。

自古以來，所有具有創造力的人，都是在受限的情況下激發創造力。最好的小說作品，都是在少少的幾個主要角色互動中激盪而出。最好的論文著作，都是在少少的幾個重要觀念中堆砌而出。最好的藝術作品，通常也是在少少的幾個靈感中誕生。

要發揮影響力，有時候就是要自我設限，懂得有些取捨，專注在重要的地方。沒有多多益善這種事，有所限制，才能有所作爲。

PART 5 門派力

找到適合自己的門派及老師，再藉此開枝散葉，理出自己的門派脈絡，才有機會獨樹一格，自成一派。

不同天賦不同心性的人，適合的門派不一樣，且不用拘泥於一門一派。

I. 門派

找到適合的門派及老師，理出脈絡，才有機會獨樹一格

金庸小說《射雕英雄傳》及《神雕俠侶》兩部膾炙人口的作品中，小說的兩位主角郭靖及楊過，正巧能代表兩種截然不同的個性、天賦及際遇。

郭靖胸寬腰挺，俠義敦厚，老實木訥，卻天資蠢純，學習能力比誰都慢，但卻願下扎實苦功。

楊過俊朗瀟灑，鬼靈精怪，狂傲不羈，還天賦奇佳，學習能力比誰都快，但卻喜歡耍小聰明。

兩人同樣都是屢遭奇遇，以致最後武功皆獨步武林，脈絡卻大有不同。

郭靖習得了九陰真經、降龍十八掌、空明拳，雙手互搏，所學不多，卻招招深厚純熟。

楊過習得了九陰真經、逆轉經脈、全真劍法、玉女心經、蛤蟆功、玉蕭劍

法、彈指神通、打狗棒法、玄鐵劍法等等武功，其生平所學之雜，可說是整個金庸世界中的第一人，最後更集生平所學之大成，自創武功「黯然銷魂掌」。

那麼假設，如果兩人的際遇換了過來，結局會是如何呢？他們能夠複製並習得另一個人的武功嗎？

答案很顯然是「不可能」。

首先，天資駑鈍的郭靖，一定沒辦法像楊過一樣，能夠悟得那麼多招式的武功要訣，更不可能跳脫框架，自創屬於自己的新絕學，他只適合勤奮又扎實的將少數的幾套功夫練到純熟。

那麼，天賦奇佳的楊過，就能學會郭靖的武學嗎？答案可能仍然是否定的，首先心性不定的楊過，就沒辦法像郭靖一樣扎實苦練同一套武功，而像「雙手互搏」這種腦袋需放空的武學，更是楊過所不能學。

門派思維

發現了嗎？不論是小說中的武學，還是書本中的科學，都有分成各種門派，而不同天賦不同心性的人，適合的門派可能就不一樣，可以說根本就沒有一定的標準答案。

美國的商學院可概分爲兩種體系，一種是傳統的「理論式」教學，一種是由哈佛大學爲主的「個案式」教學。理論式教學以理論式架構爲主，個案式教學則認爲商業環境多元複雜，不可能擁有標準答案，所以重在培養學生的商業邏輯及直覺。

兩派陣營各有擁護者，然後對我而言，我從十五歲開始念商科，修了十幾年的商科學分，卻是直到接觸了個案式教學，對於商管的思維才眞正開了竅，不再拘泥於過去理論式教學提供的標準答案，而有了更多沒有標準答案的個人思維。

再拿其他的學科來講，有人精於經濟學，有人精於管理學，有人精於心理學，而就算是同樣的學科，也分成了許多不同的派系及思想。

管理學中，有重效率的科學管理學派，有重原則的行政管理學派，有重人性的行爲管理學派，有重統計的計量管理學派，有重脈絡的系統管理學派，有重彈性的權變管理學派。

經濟學中，有重視市場機制的古典學派，有認爲政府應適時干涉市場的反古典學派，有強調自由競爭力的新古典學派，有強調要從總體經濟出發的新經濟學派，以及現代經濟學派。

心理學中，有重視心之結構的結構心理學派，有加入統計方法的功能心理學派，有重視潛意識的精神分析學派，有重視環境的行爲心理學派，此外還有人本心理學派、認知心理學派、神經心理學派等。

找到適合自己的門派，再自成一派

每種學派都有優缺點，有相似及相斥之處，有精闢及適用之處，也有不足及限制之處。

所以，最能發揮影響力的人，就是能找到最適合自己的「門派」。美國饒舌天王傑斯（Jay-Z）曾說：「**我們自己選擇要追隨哪一位音樂先祖，能夠鼓舞我們，啓發我們創造的世界。**」

李小龍說：「**一門一派的武術家往往不但不肯直視問題關鍵之所在，反而盲從於所附會的形式及固定的招式上，從而愈陷愈深，以至不可自拔之地步。**」

一樣是投資股票，有人天賦適合擁抱風險作價差炒股，有人天性適合低風險，找到適合的標的存股。一樣是投資房市，有人擅於作價差炒房，有人喜歡安穩收租金。一樣是創業，有人適合一鼓作氣衝刺，有人適合按部就班慢慢走。

所以在求學上，不要乖乖的照單全收，因爲老師或課本上的東西不一定沒有用，但很可能不適合我們用。每一個人適合的門派不同，別去一成不變的複製他人的學習之路，找到適合自己的門派及老師，再藉此開枝散葉，理出自己的門派脈絡，才有機會獨樹一格，自成一派，發揮自己的影響力。

II. 師門

值得效法的巨人，不是拿來拜的，是用來踩的

「尊師重道」是我們從小到大的求學過程中，一直被諄諄教導的重要觀念，在古代，如果你想要入門學得某些武藝或技藝，更一定要有「拜師」這個儀式。拜師並不容易，想進入名門可能需要有人引薦，送上拜帖，備妥六禮，再加上繁複的禮節及儀式，才有機會拜師進入師門。

那麼回到了現代，如果我們遇到了心儀的好老師時，我們該如何「拜師」呢？

我的建議是，如果你有機會碰到一個讓你心儀的好老師時，千萬不要想著要「拜師」，相反的，你該有的心態是，想辦法把這個老師「踩在腳下」。

這是什麼鬼話？

畢卡索曾說：「**對一個大師最尊敬的方式，就是將他踩在腳下。**」而牛頓也

教我們說：**「要站在巨人的肩膀上看事情。」**

是吧，大師或是值得效法的巨人，都不該是拿來拜的，而是拿來踩的。

眞正値得我們學習的，其實是大師的「思維」，而不是大師所樹立出來的「形象」。拜師的本質上，就是站在大師的腳邊往上看，除了崇拜大師之外，並不容易眞正看見大師的視野。如果你想眞正學到東西，最該有的角度是，你要能試著站在跟大師相同的視野上去看事情，如果我們永遠只待在大師的腳邊，就永遠沒辦法眞正習得大師的思維。

對一個大師最尊敬的方式是，將他踩在腳下

想想，在我們的求學階段中，是否曾經有這樣的一種老師，擁有神聖不可侵犯的形象，學生該作的事情只有一個，就是乖乖的把老師要求的東西，原封不動的背起來，不得有所偏誤，更不得有所質疑，總之，老師說的就是對的。跟隨像這樣的老師學習，通常學不到什麼東西，最多背到一些僵固的知識。

反之，另一種老師，他不只是傳授課本上的東西，還能舉一反三地告訴你在現實世界如何運用，而所有的學問，都可以被探討、質疑及挑戰，學生也能隨時提出問題，通常像這樣的老師，才能眞正帶給學生一些不同的思維。

第一種老師，要求學生要「拜師」，上對下關係明確，學生不得逾越；第二種老師則是鼓勵學生要自己站高一點，有更寬一點的視野，老師所教導的東西，只是作爲一種養分及啓發。

跟好的老師學習，不要原封不動，要能作些消化及更改。最好不要只學一門一派，才不容易被侷限在一門一派的框架中。如果你只學一門一派，那麼你的極限最多也就只有在一門一派中。

別忙著崇拜老師，大膽的來老師家偷東西吧！

電影《江湖傳說》中有一個片段，絕世高手段青雲死前，想將最後的武學傳授給男主角關豐曜，說出了這段話：「你要記住，我只能打一次，能記多少就記多少。」真正好的老師就像這樣，他將他的武學打給你看，至於你如何去吸收及演繹，就是你自己的問題了。要能夠轉化成自己血肉，你才能真正去發揮這套武學的價值。

遇到好老師，不要浪費時間去崇拜，大膽的踩到老師的身上吧！當然這個踩不是指「物理」性的踩，而是「心態」上的踩，要試著從老師的視野去看世界。

去好老師家偷東西吧！好老師的腦袋就像是個博物館，有著不少的珍奇藝術品，就看你會不會偷。如果你能偷的好，甚至偷出了自己的成績時，記得回去請老師補「保證書」給你。

像我的書寫完後，也會希望回去找老師掛名推薦一樣，那感覺像去人家家裡偷東西，偷完後還跑回去找主人要保證書，想想真是臉皮有夠厚。但老師會覺得這學生大逆不道嗎？不會，好老師通常會樂觀其成。

事實上，在我求學的過程中，所有對我最有助益的老師，都有一個共同點：他們都不會要求學生，死板的去複製老師所教的東西，反而希望學生能找到自己有興趣的主題學習及研究，打破標準框架，找出自己的方向。

別忙著崇拜老師，大膽的踩到老師身上，或到老師家偷東西吧！記得，有機會，要份保證書。

III. 門檻

跨越「鴻溝」，才有機會爆炸性的成長

之前一位在求職的女性朋友問我：如果她想學「會計」，並試著去考幾張相關證照，藉此提升在她職場的競爭力，更有利於求職升遷，我有沒有什麼建議的補習班或教材？以及我認爲「會計能力」，是否能有效爲她找到好工作、好薪情？

對此，我問了她幾個問題？

爲什麼選擇會計？過去有什麼會計基礎？目標的職場位置是什麼？

結果這位朋友過去念的是文科，會計基礎僅僅是休過幾個學分的程度，而會選擇會計，只是因爲她認爲大部分的公司「好像」都有會計，「好像」找工作比較用的到，「好像」能比較快學得基礎皮毛。

這樣的想法哪裡有問題呢？我認爲是她能不能樹立「門檻」的問題。

首先，除非你很有會計天分，不然會計學習起來頗為枯燥費時，雖然大部分的公司都需要會計，但同時大部分的大學其實都有會計系，且在求學期間，會計系對於學分及畢業的要求，通常比起其他科系更加嚴格，學習也更加扎實。

換言之，擁有會計基礎能力的人太多了，你要從零開始靠自學，將自己的會計能力提昇到能跟這些本科系的人競爭，門檻太高了，除非你眞的很有天分或興趣，能夠長時間投入在其中，或是已經是管理階層，學會計只是作為輔助使用，那懂得會計的基礎知識就頗為加分。

但如果是想作為找工作的門票，花了大量的時間及金錢，只是讓自己學習到一點點皮毛，這項能力通常不值錢，對於找工作或升遷通常幫助不大，無法成為一個工作能力上的「門檻」。

一個很容易就能學會的技能，通常不值錢

很多人學習新東西，都喜歡挑相對簡單的來學，希望可以快速上手，但很現

實的一件事情是：一個很容易就能學會的技能，通常不值錢。

以考駕照而言，摩托車可能是多數人的第一張駕照，但會騎摩托車通常並不能成爲有力的競爭力，最多就是能夠從事機車外送工作，或是當成上班通勤的代步工具用。

接下來大家可能會學開車，會開車能用以維生的職業，相對比摩托車多了些，門檻高一點點，可以開始作計程車生意、接Uber、送貨司機等等，如果等級再往上提升，還可以投入職業大貨車、職業大客車、職業聯結車等。

如果你懂得開船、開飛機、開戰車，並能擁有相關的證照，那麼就有機會樹立更高的進入門檻，競爭者更少，能賺得的待遇會更高，這時競爭優勢就出來了。能夠在某些領域獲得超額利潤者，一定都樹立了一個夠高的進入門檻。

打造自己的門檻競爭力

大部分電玩遊戲的設計，如果一開始等級爲一級，通常要從一級升到二級，甚至是十級、二十級都相對容易。但如果最高等級是一百級，當你想要練到八十級時，就必須投入大量的精神及時間，而此時，比你厲害的競爭者會少很多，當我們能練到九十級時，可就是世界排名中的佼佼者了。

大部分的領域皆然，在二十級前只是個菜鳥，賺不到什麼錢；在五十級只是個泛泛之輩，賺錢很辛苦。但當已經練到九十級以上時，就有機會賺到超額利潤，還能賺得很有面子。偏偏大部分的人都卡在五十級以下，也正因爲有這個門檻，這個九十級才有價值。

就像街頭巷尾的小吃店林立，但生意興隆、會大排長龍的店家並不多，這些店家之所以能夠門庭若市，必定有他們的獨到之處。可能是祖傳的祕方、食材的把關、工序的擬定，或人才的培訓等，正因爲不容易，所以才有價值。

一個領域的投入須透過一段特定的時間及空間，找到對的方向及方法，並熬過醞釀期，累積足夠的能力，跨越了那道「鴻溝」，才有機會產生爆炸性的成長。這道鴻溝的形成不易，但正因爲不容易，當有機會跨過這道鴻溝時，才能成為一個夠有力的「門檻」。

換言之，一項容易被學習並複製的能力，通常不值錢，因爲沒有門檻，就沒有優勢，與其去尋找一個容易學會的技能，不如想辦法找到一個不容易學會的技能，讓這個門檻從此成爲護城河！

IV. 門票

人生像遊戲過關，需要墊腳石，才能拿到所需的門票

剛開始經營事務所時，發現的第一件事就是，自己在業界毫無任何的賣點及優勢，此時市場已經發展成熟飽和。

同業前輩長年所累積起來的執業經驗、客戶及人脈資源，都絕非一蹴可幾，如果我要走一個跟同業前輩完全相同的路線，在市場景氣大不如前的前提下，我可能追到退休都還追不上。

然而這個時代有屬於這個時代的優勢，這是一個網路文章及部落格開始被看見的年代，於是不少領域的工作者，都透過網路寫作來增加自己被看見的機會。

於是當初我訂下了一個目標，我想以商管寫作的方向，來慢慢累積自己的能見度，並希望有機會能夠在像《商業周刊》、《天下雜誌》、《今周刊》等主流財經媒體中，得到一個專欄的位置，以增加自己知識型工作者的印象。

於是我開始研究相關的投稿管道，並找到了《天下雜誌》的「獨立評論」，投稿了第一篇文章。很幸運的，第一篇就獲得了刊登，於是打鐵趁熱，我在三個月的時間內，又陸續加碼投稿了另外五篇文章，並得到了不錯的迴響，有些文章的點讚數還破萬，這對我來說具有很大的激勵作用。

直到已經有了六篇文章，我試著寫了封E-Mail給專欄的窗口，詢問開專欄的可能。結果未得到正面的回覆……。

或許時候未到吧，但也不到放棄的時候，六篇不夠，我就繼續寫下去，我在一年不到的時間，就在「獨立評論」完成了二十篇的文章，這個數量比起大部分已經有專欄的作者還多。

我想再詢問看看，結果仍然未得到正面回覆……。

看來，我還是沒能拿到這張門票。

累積能量，換扇門試試

於是我選擇暫時轉換跑道，寫信到商周的客服網站，詢問投稿的管道，開始我另一段的投稿之旅。隨著時間的累積，我成功的在商周專欄投稿了六篇文章。於是鼓起勇氣死馬當活馬醫，先問問開設專欄的可能吧？

結果呢？又被打槍了！雖然仍然未達成目標，但這次卻得到編輯不少的回饋。編輯告訴我專欄的評估，主要爲文章的觀點及啓發性，以及是否有獨到性，與其他專欄的重疊性等等，換句話說，要試著找到自己與其他專欄作家不同的賣點。

有了這些回饋後，這次更有動力了，以每個月平均三篇的投稿速度，在短短半年左右，就在商周專欄中累積了十八篇的文章。

該再探詢一下獨立專欄的可能性嗎？不，或許該再多累積一些其他東西。

於是我找到了我的母校，臺科大數據研究中心所開設的一個專欄《大數聚》

去毛遂自薦，有了校友身分，加上在其他各大網站的投稿文章基礎，我很快的得到了這一個專欄機會，只是這次寫的不是商管，而是我個人頗有興趣的「NBA籃球」。

終於我成功的有了第一個專欄，接下來，我又再次回到商周去洽詢開設專欄的可能，並附上已有的專欄，終於，這次我拿到門票了，完成了當初設定的目標——商周專欄，而且刊登的每一個字，都有稿費可拿。

一不作二不休，挾帶著這個氣勢，我又再次回到《天下雜誌》的「獨立評論」，洽詢開專欄的可能，神奇的是，明明文章量沒變，這次我卻拿到了門票，成了有稿費可拿的專欄作者，完成了第二個目標。有了這些門票後，我又得到了我原先設定的第三個目標《今周刊》專欄邀約，從第一篇文章開始，就能以專欄的方式刊登。

之後因爲專欄文章的逐漸累積，也讓我拿到了與出版社洽談出版事宜的門票。

門票——像瑪莉兄弟在跳格子

知名化妝品品牌創辦人雅詩蘭黛（Estee Lauder）在最初創業時，一直得不到消費者及百貨專櫃的青睞，她如何拿到這張門票的呢？

她透過一次一次的親自拜訪，並採用一個當初還沒有什麼人採用的行銷方式：發送試用樣品，創造大量與經銷商及消費者接觸的機會，這個機會就像是一張張的門票，讓她獲得不少商業契機。

而當時某些廠商及專櫃不願意和小公司合作，幾乎是一人公司的雅詩蘭黛在接客戶電話時，她學會了變換嗓音的高低來扮演不同的職位。有時是經理、有時候是會計，有時又是行銷，最後成功拿到門票，進駐了夢寐以求的專櫃，最終成就雅詩蘭黛的化妝品帝國。

很多時候，想完成某些目標不要期望能一蹴可幾，就像兒時的熱門電玩《瑪莉兄弟》一樣，如果你想要撞到較上方的寶物格子，必須要能先找到較低的磚牆格子，跳上去之後作爲跳版，才有機會得到較高位置的寶物。如果你想拉到最高的破關旗子，必須想辦法找到夠高的制高點，才能一躍達成。

人生闖關有時候也像遊戲一般，需要些墊腳石，才能拿到所需的敲門磚。

V. 時間

平庸的人關心如何耗費時間，有才能的人竭力利用時間

我是一個很喜歡一心多用的人，平常在使用電腦時，也不會只做一件事。通常我會將電腦螢幕分割成上下左右四等份，左上角是一個簡單的遊戲頁面，右上角是用來瀏覽網頁文章的頁面，左下角是YouTube開啓的影音頁面，右下角是Facebook開啓的社群頁面，再加上數個文件檔。

可以說，我同時瀏覽網頁、看影音、逛社群、玩遊戲、還能處理文書檔案。從某些角度來看，我就是一個在大部分時間都很喜歡一心多用的慣犯。這讓我能同時滿足娛樂及工作等各項任務，也是我相當自在的一個空間狀態，而且當我分心於多項事務時，最容易找到新的靈感及想法。

不過我也發現，當我在一心多用的時間裡，雖然可作多項不那麼重要的事，但我沒有辦法完成任何一項具有「高經濟產值」的工作。如果只是蒐集寫作資料

沒問題，但如果是最後要完稿時，或是工作上需編製財務報表時，還處在多工的方式中，我的工作效率及品質將嚴重縮水，並且永遠沒有辦法「完工」及「收工」。

有鑑於此，我培養出一個最重要的習慣——非聚焦性的活動可「多工」，可以待在咖啡廳裡，或窩在沙發的一角，甚至隨處站著處理。但只要準備從事高產值的核心活動時，就一定要「專工」，最好能好好的坐在電腦前處理，這就成爲我運用自己時間的原則之一。

時間並非愈多愈好

我從來不覺得自己的時間有多麼的昂貴，我願意花上大把時間看著天花板發呆，願意花上大把時間玩喜歡的電玩，願意花上大把時間看喜歡的漫畫，願意花上大把的時間陪孩子讀故事書、玩遊戲。

但卻不太願意花上大把時間，坐在一場沒有意義的會議中，也不太願意花上大把時間，進行一項沒有效率的工作。

一樣是浪費時間，差別在哪裡？英國哲學家羅素（Bertrand Russell）曾說：「**當你樂在浪費的時間中，就不是浪費時間。**」所以一樣是浪費時間，如果能夠將這時間用在自己有興趣有啓發的事物上，就不算是浪費。

我討厭讓自己太忙，因爲我發現，當我最忙的時候，就是我最笨的時候。大部分有價值的好點子，都不會是在百忙之中找到的，反而是在有所餘裕的情況下，才有可能發現。就像Google讓給他們的創意團隊有百分之二十的自由時間，可以不被公司及主管的任務所限制，好好找尋自己想作的事。

達文西曾說：「**有天資的人，當他們工作得最少的時候，實際上是他們工作得最多的時候。因爲他們是在構思，並把想法醞釀成熟，這些想法隨後就通過他們的手表達出來。**」

有些時候，時間太多也不見得是好事，因爲你感受不到時間的重要性。學生時代時間太多，每天只會想辦法打發時間。不是說不能打發時間，但那或許是因爲不知道方向，所以想辦法去浪費時間。

現在的時間愈來愈珍貴，反而更能把握有限的時間，去完成更多想作的事情。哲學家叔本華（Arthur Schopenhauer）曾說：「**平庸的人關心怎樣耗費時間，有才能的人竭力利用時間。**」

當那百分之二十的懶螞蟻

曾有一個研究發現，在螞蟻的群體中，總會有百分之二十的螞蟻是懶惰的，要嘛窩著不動，要嘛就是在巢穴附近隨意閒晃。另外百分之八十的螞蟻則是辛勞的不停忙碌工作著。

所以這百分之二十的懶螞蟻就是不事生產的庸才嗎？不，正好相反，神奇的是，當螞蟻群體遇到危機時，無論是巢穴損壞，還是食物來源消失，那八成的勤勞螞蟻，反而會陷入一片混亂中，什麼事都作不了。相反的，那二成的懶螞蟻此時卻反而一改平常的懶散，即刻行動開始爲整個群體尋找新的方向及目標。

原來，這群懶螞蟻平常的懶，只是將精神及時間用在研究及偵察，平常的空閒是爲了能夠在必要時刻發揮群體智慧，找到策略及方向，這個研究被稱爲「懶螞蟻效應」。

因爲我們不難發現，所有具有效率及影響力的人，他們的時間更像是這二成的懶螞蟻，一定會爲自己留下一些空白的時間，用這段時間拿來思考及沉澱，找到最適合的作事方法，而不是像那百分之八十的勤勞螞蟻，總是忙著處理眼前的事務。

彼得．杜拉克（Peter Drucker）曾說：**「專注於可造就最大生產力的活動上。」**讓自己成爲一個用百分之二十的時間，完成百分之八十成就的人，而非一個用八成時間、完成二成成就的人。

VI. 空間
愈是能發揮所長的人，就愈懂得打造適合自己的空間

一樣是一杯現煮的拿鐵咖啡，在超商裡買可能只要五十元，坐在咖啡廳裡喝可能要價一百五十元，價差足足有三倍之多。或許在用料成本上有些差別，但通常差距不會如此之大。而這個價差眞正的價值，大多是落在咖啡廳的「空間」感。

超商的咖啡適合買了帶著走，就算能坐在店內喝完，一般也不會坐太久，不會是處於一個最享受的狀態。

反之，坐在咖啡廳裡喝咖啡，無論是要看書、寫書還是洽談工作，都會相對是一個更有效率的空間。爲什麼不少人喜歡與朋友相約喝咖啡聊是非，他們買的不是那杯咖啡，而是咖啡廳所營造出來的空間感，適合人們閒話家常，也適合人們在這裡完成一些工作。

正確的空間，可以降低人們的選擇成本，避免花太多的精神在不重要的地方上，也可以將專注力聚焦在更重要的地方上，清楚了解任務及目標爲何。人們沒辦法在錯誤的空間中，把一樣事情正確的完成，不論是要完成手上的一個任務、學習一項新的技能，或是談一個新的方案都不太容易。

因爲人們的精神及時間是有限的，一個錯誤的空間，往往將剝奪走我們太多的專注力，最後就容易一事無成了。

空間影響一個人的建設力

一個乾淨舒適的空間，有助於人們進行更有建設性及進取性的思考，而懂得去營造自己的空間，就成了一個頗爲重要的課題。不少研究指出，空間整理及收納的能力，有助於培養孩子的集中力及思考力，對於學習效果更有顯著的影響。

所以「整齊的空間」，就是最適合人們發揮創意的樣貌嗎？那倒也不盡然。

其實有許多桌面雜亂的人，有著過人的創意及成就，像是賈伯斯、祖克伯及愛因斯坦都是當中的代表人物之一。他們的桌面及環境亂，卻反而能夠藉著凌亂的筆記、便利貼、書籍資料等，讓他們得以在這樣的一個空間，去將不同的元素結合，激盪出新的想法。

最大的差異，就是他們「亂中有序」，在他們凌亂的空間中，通常不會存在著用不太到的元素，而是讓他們用得到的元素，亂中有序的散播在他們的世界裡。

所以到底是整齊的空間，還是雜亂的空間，最適合人們發揮能力？這並沒有定論，可以確定的一件事，就是「空間」對於一個人的影響甚鉅，只是每一個人適合的空間可能不盡相同。不少的藝術家創造出不朽的鉅作時，不是在什麼環境高雅的畫室中，反而是在一些環境惡劣的陋室裡，有時候，環境愈是惡劣，靈感反而愈多，作品也愈優秀。

所以一個愈是能發揮自己所長的人，通常就愈重視自己的環境，並懂得去爲自己打造一個最適合的空間。可以是在咖啡廳的一角，可以是在街頭的一隅，也可以是在家中的任何一個角落。

打造最適合自己的空間

創新需要空間，需要一個能夠孕育靈感的地方。因此，幾乎所有成功的企業，都了解空間打造的重要性。

知名的運動品牌耐吉對於打造空間從來不遺餘力，他們的企業文化是反傳統、體育競爭、冒險犯難及拓荒精神，但他們不讓這些只淪爲口號，更落實在他們的空間中。在耐吉的總部裡，擁有一個原始森林，有綠地、有湖畔，更有各式各樣的運動場及球場。因爲一個自由灑脫的空間，才能形塑出一群自由灑脫的工作者。

教育家保羅．雷勒（Paulo Reglus Neves Freire）：「**距離與差異是創意的祕方。我們回到家，家還是以前的家，但在心裡有些事物已經改變，一切也因此改變。**」

除了沒有生命的空間外，有生命的空間——人際關係，也是一種空間的影響力，有些人只願意跟同溫層或同業交流，如此他們就永遠只能聽見一種聲音，不容易有更多元的長進。

了解自己最具生產力的空間爲何，是每一個具有高生產力的人，都一定會去思考的必修課題。想讓自己成爲更有效率的人，先從打造一個最適合自己的空間開始。

VII. 成功

成功是壞老師，他會讓精明的人們認為自己不會失敗

無論是在職涯的選擇，專業能力的琢磨，或是想要創業的朋友，當遇到了問題時，總會希望能夠找到一個有「成功經驗」的老師或前輩來請教。似乎成功的經驗，無論在哪個領域，都是相當重要的資產。有趣的是，有時候成功經驗可能反而成為失敗的主因之一。

前陣子，一位製造業的趙老闆因為經營不善，公司宣布停業了，還留下為數不小的債務。所有認識他的人都感到不勝唏噓，想當年這位趙老闆所經營的公司，不但接了不少大廠的單，有著為數不少的員工，更有相當不錯的營業額數字。

究竟為什麼才十多年的光陰，他就從一個成功的中小企業老闆，成為一個負債的落難企業家？

原因正是因爲「成功的經驗」。

成功的方程式

這位老闆在當年創業之初，正好趕上臺灣最後一波製造業榮景，因爲擅於應酬及業務活動，成功接到不少大廠的單，他就以此爲根基，順利賺到自己事業的第一桶金。

藉著配合大廠的訂單，全力去滿足大廠的產能需求，擴廠、雇人、增添設備，在當時無疑是一個成功的方程式，也因爲這個經營模式的堅持，讓趙老闆第一次嘗到身爲成功創業者的甜美果實。

在當時趙老闆的座右銘是：「緊跟著成功的大廠走，就會成功。」也這也成了趙老闆視爲王道的成功經驗及方程式。而爲了讓自己的事業版圖更大，他也竭盡所能的去融資擴廠，買最新最好的機器設備，因爲唯有讓自己的產能更有競爭力，才有機會去接下更多大廠的單。

然而，這個世界變化得太快，隨著科技進步及網路時代來臨，這個產業的市場因此大幅度萎縮，他過去仰賴的獲利模式，似乎已經跟不上時代了，而大廠能夠提供給他的訂單減少，也顯著反應了產業的沒落趨勢。

不過廠房已擴建，設備已投資，資金皆投入於此，如果現在放手，不但有可觀的損失，還代表自己過去對產業判斷的失準，加上大廠仍然有提供些小單給公司，趙老闆認為，只要繼續等大廠的單，經營總會有起色的一天吧！這可是他過去數十年來，賴以獲利的成功經驗。

於是，即使每個月都是赤字，他仍然選擇相信自己的成功方程式，抓住成功廠商的尾巴，熬下去。

問題是，這些趙老闆眼中的成功廠商，早就看出產業的變遷，開始選擇轉型，尋找新的製程及合作廠商了。

就這樣折騰幾年，趙老闆終究敵不過現實的殘酷，宣布停業了，只是他太固執，太晚看破，過去好不容易累積的事業財富，就這樣隨著時間，在廠租、設備及人事成本中耗盡了。

成功是一個壞老師

趙老闆回顧這一段路，如果未曾經歷過最美好的成功時光，讓自己太過相信自己的「成功方程式」，或許他會更早去接受產業變遷的事實，早早將公司轉型或是收起來。

比爾．蓋茲說：**「成功是一個壞老師，他會讓精明的人們，認為自己不會失敗。」**成功的經驗或習慣，往往可以成為我們面對未來挑戰的籌碼，讓我們更具影響力，但有時候這些經驗或習慣，也可能反而會成為我們在轉型上的阻力。當我們的身體及思考方式，過度去依賴這些過往的成功感覺時，就會失去面對外界變化的反應能力。

曾有一位長期在大學擔任研究工作的朋友說，他永遠不可能像我一樣，寫出適合一般大眾閱讀的文章。因為他受過嚴謹的論文及研究方法訓練，還長期遵循著這套規範完成了不少足以登上國際期刊的文章，學術寫作的習慣已經深深烙印在他的基因裡。要寫出好的論文他充滿了信心，通俗一點的文章反而寫不太出來。

有人說，缺乏經驗，有時候反而是一種資產，正因爲缺乏經驗，所以更不容易被現有的主流框架所限制，更不容易去遵循現有的價值觀，而走出一條不同的路。

這個世界變化太快，沒有永遠的成功方程式，別讓自己的身體及思考方式，被過去美好的成功記憶綁架了。

VIII. 失敗

別怕失敗，很多時候，失敗能學到的東西比成功多更多

曾經有朋友問我，為什麼我投稿的文章那麼容易上，因為他也曾經想要嘗試投稿到知名的專欄，卻通常都是石沉大海，音訊全無。

其實他誤會了，我也是被打槍退了不少稿，差別在於我沒有放棄嘗試，仍然厚著臉皮繼續投。其實我投到商周專欄的前五篇文章，全部都被打槍了，看著自己努力寫出來的文字最後無用武之地，當初也頗為挫折啊！

然而莎士比亞（William Shakespeare）曾說：「**逆境和厄運自有妙處**。」雖然連吃了五次閉門羹，這五次的投稿動作，卻為我開啓了另一扇窗。或許是感受到我的認眞，於是當時專欄的編輯也就把我當眞，回了我一封頗長的E-Mail，不但點出我寫作的盲點，還給了相當寶貴的建議。

針對您投稿的稿件，這裡會給予的整體建議是可以加強文章的觀點，所謂的觀點就是這篇文章您想告訴讀者的主要想法（論述）。理論型文章不是不可以，但會希望是以事件爲主、理論爲輔，去帶出所要論述的觀點。因爲重點是觀點而不會是理論，所以不建議花太多篇幅都在講解理論。另外觀點不新也不是不行，但所要支持觀點的舉例可能就要再具體一點或避免陳腔濫調。

這次的建議，對我的寫作習慣有不少啓發，換言之，在重視流量的專欄，需要的是能引人入勝的故事，以及值得被探討的觀點，而非將大部分的篇幅，拿來講陳腔濫調的大道理。

失敗的經驗，反而得到成功的回饋

於是就好像點了一盞小燈似的，稍微能夠看到路了，漸漸的從百分之百被退稿，到只剩百分之五十被退稿，到最後退稿率只剩下約百分之十，而就算被退稿，也都能得到一些參考意見，有趣的是，如果稿子被用了，是沒有回饋及建議的，得要被退稿才能得到建議。

> 所舉例的案例過於冷門，整體說服力不足以支撐太絕對的觀點。
> 整篇文章個人觀點薄弱，故事架構的完整性不足以支撐理論。
> 內容算是有趣，但全文觀點性不夠，看完會覺得所以呢？沒有結論。
> 本篇文章因爲扣時事的時間有點晚，所以不刊登喔。

回過頭來看，有些回信還眞是直白，然而正因爲有這些回饋，被退的稿子其實都沒有白費。不少的建議，成了我寫作調整的方向之一，最後也成功開了自己的專欄，如果不是「大量」被退稿，我可能也得不到大量有用的建議。

之後我有了出書的機會，幫我出過三本書的編輯，說起話、改起稿來，其實也從沒在客氣的。

專欄與出書不同，你須跳脫原先專欄的寫作思維，從一本書的框架重新思考。你出版的書會跟著你一輩子，所以須對自己的文字負責，不然我才懶得管你。建議可寫些眞實例子，避免整本書觀念，會有一種跳出去在外圍打轉的感覺。先別管我的意見，你就先照原本的意思寫出來，我們最後再來找定位！

而當我把第一本書的書稿交出去後，收回來的，是一個像小學生剛開始學國字時，老師改完後交回來的訂正本，滿滿的紅字，告訴我有些哪些錯別字訂正，哪些用詞語意建議修改。

以前覺得這些退稿及修稿，好像是一種失敗，回過頭來看，如果沒有這些體驗，那可能終將一事無成。華特・迪士尼（Walt Disney）曾說：**「當挫折發生時你可能不會意識到，但它可能是你從世界上得到最珍貴的東西。」**

別耗費大量的時間，在預防失敗及犯錯

如果因爲幾次的失敗或被打槍，就放棄了自己本來設定的目標，那終將一事無成。不少研究指出，失敗的經驗有時候比起成功經驗更寶貴。別怕失敗，失敗很多時候比能學到的東西多太多了。

祖克伯曾說：**「每個人都會犯錯，人們耗費大量時間，專注於如何預防錯誤，避免懊悔，但事實上，我們都不該努力地把所有事情做對。」**所以我們根本沒有必要把每件事情都做對，多些失敗的經驗，反而能讓我們得到更多的回饋及經驗。

只要謹記一個大原則：「留得青山在，哪怕沒材燒。」

可以盡可能的去嘗試一次次的失敗，但別輕易「梭哈」，作出過度冒險的行爲，只要能夠讓自己隨時保有在未來能繼續努力的籌碼，每一次的失敗，都將成爲最寶貴的資產。

VWJ0020

偷師 Creating by Stealing!

拷貝、拆解、上色、拼圖，善用四步驟，去蕪存菁成大神！

作　者—紀　坪
主　編—林潔欣
企　劃—歐陽瑜卿
封面設計—江儀玲
版式設計—徐思文
內頁排版—游淑萍

第五編輯部總監—梁芳春
董 事 長—趙政岷
出 版 者—時報文化出版企業股份有限公司
一〇八〇一九臺北市和平西路三段二四〇號三樓
發行專線—（〇二）二三〇六—六八四二
讀者服務專線—〇八〇〇—二三一—七〇五
（〇二）二三〇四—七一〇三
讀者服務傳真—（〇二）二三〇四—六八五八
郵撥—一九三四四七二四時報文化出版公司
信箱—一〇八九九臺北華江橋郵局第九九信箱

時報悅讀網—http://www.readingtimes.com.tw
法律顧問—理律法律事務所 陳長文律師、李念祖律師
印　刷—勁達印刷有限公司
初版一刷—二〇二〇年三月二十日
定　價—新臺幣三五〇元
（缺頁或破損的書，請寄回更換）

時報文化出版公司成立於一九七五年，
並於一九九九年股票上櫃公開發行，於二〇〇八年脫離中時集團非屬旺中，
以「尊重智慧與創意的文化事業」為信念。

偷師： 貝、拆解、上色、拼圖，善用四步驟，去蕪存菁成大神！／紀坪著 . -- 一版 . -- 臺北市 : 時報文化 , 2020.03
面 ; 公分 . -
ISBN 978-957-13-8112-1（平裝）
1. 職場成功法 2. 創意
494.35　　109002156

ISBN 978-957-13-8112-1
Printed in Taiwan